新コロナシリーズ 57

摩擦との闘い

―家電の中の厳しき世界―

日本トライボロジー学会 編

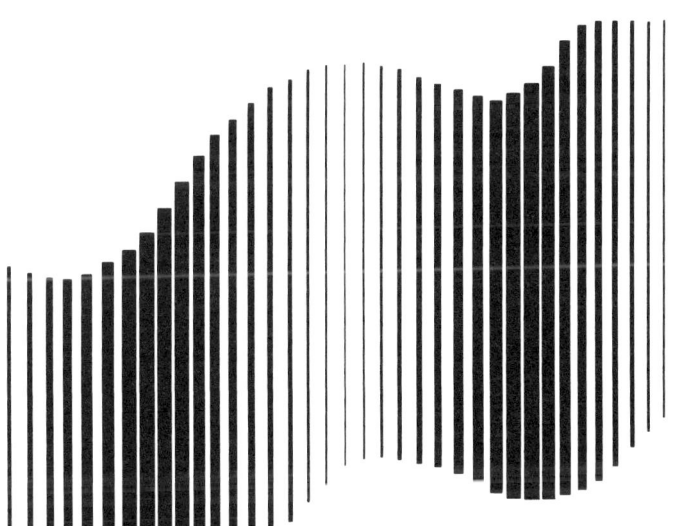

コロナ社

執筆者

1章　平岡　尚文（ものつくり大学）
2章〔洗　濯　機〕　平岡　尚文（ものつくり大学）
〔掃　除　機〕　小山田具永（株式会社 日立製作所）
〔エアコン・冷蔵庫〕　田中　智久（東京工業大学）
3章　谷　弘詞（関西大学）
4章　平岡　尚文（ものつくり大学）
田中　智久（東京工業大学）

「摩擦との闘い」編集委員会

委員長　平岡　尚文（ものつくり大学）
幹　事　谷　弘詞（関西大学）
委　員　小山田具永（株式会社 日立製作所）
田中　智久（東京工業大学）
李　永芳（株式会社 東芝）

（二〇一一年七月現在）

まえがき

最近、家電がちょっとしたブームです。テレビでも関連した番組が見られます。鉄道趣味も盛り上がる傾向にあり、特に女性のファンが増えているのが最近の特徴のようです。これら「機械モノ」に興味を持つ人が増えることは、「機械モノ」に携わるわれわれにとってもうれしいことですが…。

家電も鉄道も成熟した技術といえるでしょう。したがって製品間に大きな差は付きにくく、細かな違いをとらえてあれこれ判断することになります。ここに趣味性を感じることが、ブームの一因と思われます。家電の場合、とりどりの製品が持つ細かな機能の違いがその対象になります。ところが残念ながら、その機能を実現している仕組みについて、関心を持つ人は少ないようです。

遊園地のアトラクションのように、仕掛けを動かしている仕組みがわからないほど、仕掛けはすばらしく見えます。家電においても、背景にある仕組みはよくわからない「不思議」として残しておいて、その不思議が作り出すわかりやすい機能だけを見て楽しむ。ストレス解消のための娯楽としては、正当な楽しみ方といえるかもしれません。

本書は、そこを一歩出て、「不思議」をのぞいてみませんかというお誘いです。機能を比較して楽しむ、いわばバーチャルな楽しみ方を一歩超えて、それを生み出すリアルな世界を楽しみませんかというお誘いです。そして、主題として取り上げているのは、リアル中のリアルな技術といえる、トライボロジーです。

トライボロジーとは、摩擦や摩耗を扱う技術・科学です。ちょっとした機能の違いを実現するためにも必要な技術ですが、多くの製品の基本的な構造を作るのに不可欠な技術です。こすったり滑ったりする部分を受け持ち、いつまでも製品が滑らかに動くように支えています。

トライボロジーがなぜリアル中のリアルな技術といえるのか、本書を読めば理解していただけるでしょう。そして、単なるブームを超えた、より深いおもしろさを発見していただけると確信しています。

二〇一一年七月

平岡　尚文

もくじ

3　AV／OA機器の中の摩擦と摩耗

4 身近な公共機械の中の過酷な世界

1　はじめに――摩擦と摩耗の知られざる脅威

機械設計者にとっての魔物　摩擦摩耗

本書では家電を中心とする身近な機械の中で発生している摩擦や摩耗《まもう》と、それと闘う技術について紹介します。

摩耗とはものとものをこすったときに減ってしまう現象のことです。普段の生活で摩耗というと、消しゴムや靴底のゴムが減ったり、鉛筆の芯が減ったりといった、軟らかいものやもろいものに起こる現象というイメージが強いかもしれません。しかし、摩耗はいたるところで起こっています。

どんなに優しくこすっても、顕微鏡で見ると、こすられたものには大抵その痕跡《こんせき》を見つけることができます。ある大学の先生は、豆腐屋さんが豆腐切り包丁を研《と》いでいるところに出くわして、豆腐を切る包丁もやはり摩耗するんだなあと、改めて感心したということです。どんなに硬く強い材料でも摩耗は避けられませんし、硬いからといって必ずしも摩耗が少ないわけではありません。摩擦する材料の選び方が不適切だと、同じ条件でも一〇倍、一〇〇倍の摩耗が簡単に起こってしまいます。

ものをこするときの抵抗力は、摩擦力あるいは単に摩擦と呼ばれます。この摩擦もこする材料の組合せによって大きく変化します。摩耗もそうですが、材料だけでなく、その表面をどのように加工したか、どのような滑らせ方をするかによっても変わります。摩耗の大きさは何桁にもわたって変化してしまう可能性があるのに対し、摩擦のほうは、油などを使わないときにはその変化の範囲は一〇倍程度に収まりますが、機械を設計するうえでは大きな問題です。

このように摩擦・摩耗はちょっとした材料や使い方の違いで簡単に何倍、何十倍になってしまう現象です。こする部分を持つ機械には、このことを織り込んだ設計・製作が必要になりますが、それが難しいことは容易に想像できると思います。

魔物退治の伝家の宝刀　トライボロジー

摩擦や摩耗、およびそれらを減じコントロールするための技術である潤滑に関する科学や技術を、トライボロジーといいます。摩擦や摩耗は機械を作るうえで克服しなければならない最後の魔物であるといえます。しかし、トライボロジーに携わる人々の努力によって、魔物の正体はかなり明らかになり、それを押さえ込む方法、逆に利用する方法がどんどん開発されています。

本書では家電をテーマに、その中に注ぎ込まれているトライボロジーに関する技術について紹介します。いまや量販店で安く買える家電ですが、中を開けると摩擦や摩耗と闘う技術が満載です。軽く、小さく、安く作るというプレッシャーが、むしろ巨大な機械よりも条件を過酷にし、技術を難しくしている面もあります。最先端といえる技術が特売コーナーに並んでいる製品に組み込まれていることも珍しくありません。意外なところにひそむ過酷な環境と、それを克服するための技術の闘いのお話を、おもしろく読んでいただければ幸いです。

2　最も身近な家電から

洗　濯　機

水漏れとの戦い

家電量販店に並ぶ洗濯機を見ると、いろいろなタイプのものがあります。洗濯槽の向きだけ見ても、縦、斜め、横とさまざまです。しかし、タイプを問わず、洗濯機のトラブルといえば、まず水漏れということになるでしょう。

排水ホースの付け根から水が漏れて床が水浸しになったなど、怒りの経験をされた方もいるかもしれません。しかし、これなどは洗濯機設置時に無理にホースを曲げたりしたことが原因であることが多いと思われます。たくさんの水を室内で使う機械ですので、水漏れに対してはメーカーも相当に気を遣っています。この水漏れについて洗濯機の技術者が最も気にするのは、ホースの付け根よりも別のところにあります。

それは、洗濯槽内で水流を起こすための回転板や脱水槽を回す軸まわりからの水漏れです。この部分では基本的には動かないホースの付け根と違い、回転する軸の表面に沿って水が漏れてくるのを防がなければなりません。基本的に動かないものの接触部から水や空気などの流体が漏れないように、接触部にはさんで使用する部品をガスケット、この洗濯機の軸まわりのように、動くものの接触部に用いる部品をパッキンと呼び分けることが多いようです。両者を合わせて、流体を密封したり、逆に外部から異物が入り込まないようにするための部品や装置はシールと呼ばれます。シールはゴムなどの弾性的な材料で作られていることが多く、両者は漏れを防ぐための基本的な設計法にも共通点が多いのですが、動くほうには摩擦摩耗の問題が大きく立ちはだかります。トライボロジーの出番です。

スキを見ては漏れようとする流体

そもそも、ものの合わせ目から水や空気が漏れるのはなぜでしょうか。どんなに精密に加工して仕上げられた表面でも、拡大して見たならば必ず凹凸があります。これを表面粗さといいます（図

1）。鏡のように光るまでに磨かれた金属の表面でも〇・一㎛（〇・〇〇一㎜）のレベルの高さの表面粗さがあります。普通の機械加工面では数㎛のレベルの表面粗さが普通です。局所的なこのような粗さのほかに、面全体を見るともう少し大きなうねりを持つこともあります。

このような表面どうしが接触すると、もちろんぴったりと全面的にくっつくことはありません。表面粗さやうねりによって粗さの高いところどうしだけがくっつき、高さが低いところは空洞となって残ります。金属のような硬い物質どうしの表面の接触では、むしろくっつく部分のほうが空洞となっているところよりずっと少なく、かなり強く押しつけても接触面全体の数百分の一しかないこともあります。この空洞が作るすき間を伝って水や空気が漏れます。たとえよく磨かれた面どうしの〇・一㎛レベルのすき間であっても、水や気体の分子の大きさはその一〇〇〇分の一程度ですので、漏れ出るのには十分な大きさです。

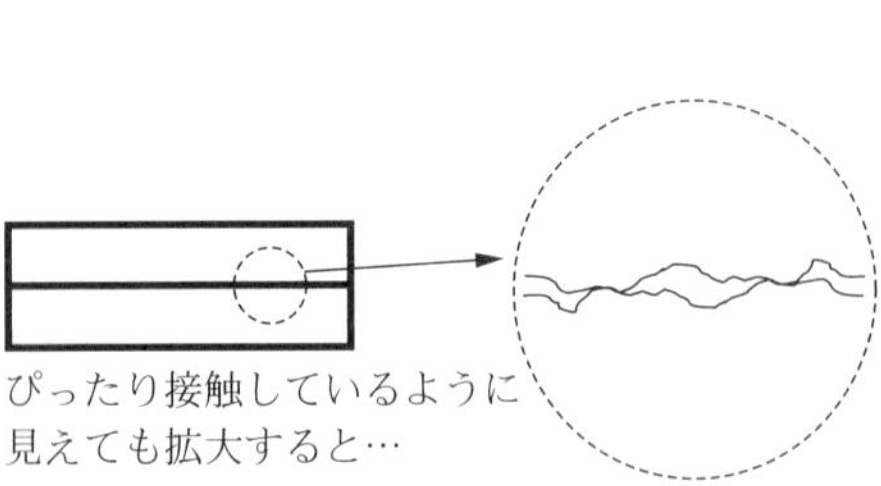
ぴったり接触しているように
見えても拡大すると…

図1　ものとものの接触面

シールの矛盾

このようなすき間を埋めるのがシールです。ゴムのような変形させやすい材料を接触部に挟むことで、その変形によってすき間を埋めてしまいます。十分に変形してすき間を埋めさせるには、シールを挟む力を十分に大きくする必要があります。また、少なくとも封入する流体の圧力よりは強い圧力で挟み込まれていないと、流体はシールを押しのけて漏れようとします。水道の水圧は数気圧ありますが、栓をちゃんと閉めないと水圧がシールの締め付け力に勝って蛇口から水がぽたぽた漏れることで、このことは体感されていると思います。

動かないものからの漏れならば、簡単にいえば大きな圧力でシールをがっちり挟み込めばよいわけです。実際にはシールまわりの構造やメンテナンスのことなどを考えると、そう簡単にはいかないことも多いのですが、基本的考え方はシンプルです。では動くものからの漏れを防ぐシールはどうでしょうか。動かないものどうしの場合に対して、大きな問題があります。漏れないように大きな力でシールを押さえつけたときのシール材の摩擦摩耗と、動くことによるすき間の変動です。

縦型洗濯槽の洗濯機の回転板の回転軸について考えてみます（図2）。洗濯槽にたまる水の深さは数十cmです。大きく見積もってざっと深さを一mとしても、洗濯槽の底の水圧は〇・一気圧程度です。機械によっては何十気圧の流体を密封しなければならないのに比べれば、水圧的には楽なほうといえるでしょう。しかしそれでも、例えば大人三人が載った直径五〇cmのマンホールのふたを持ち上げるくらいの能力があり、シールがなければ結構な勢いで水が漏れ出します。この圧力の水が漏れないためには、シールには最低限〇・一気圧の圧力をかけて軸に締め付けておく必要がありますが、シール材を軸表面の粗さに十分に食い込ませるためには、これにプラスアルファの圧力が必要になるかもしれません。

最もシールらしい、といえばおかしいかもしれませんが、わかりやすいシールにグランドパッキ

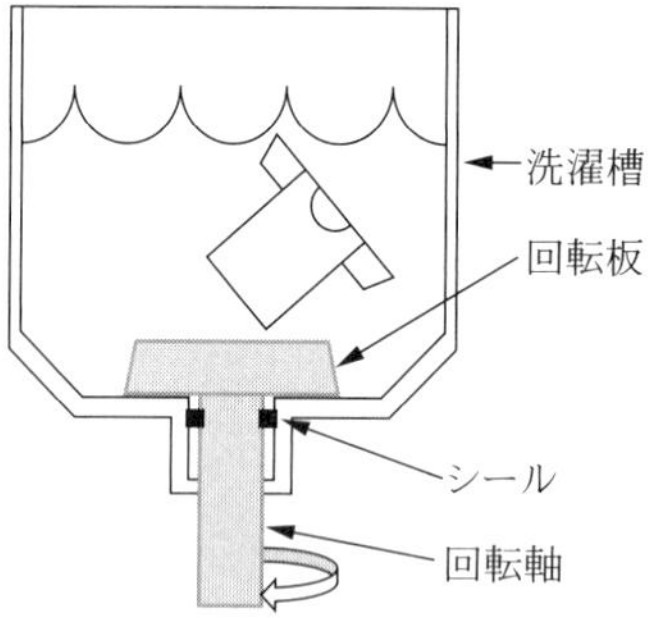

図 2　洗濯機の構造

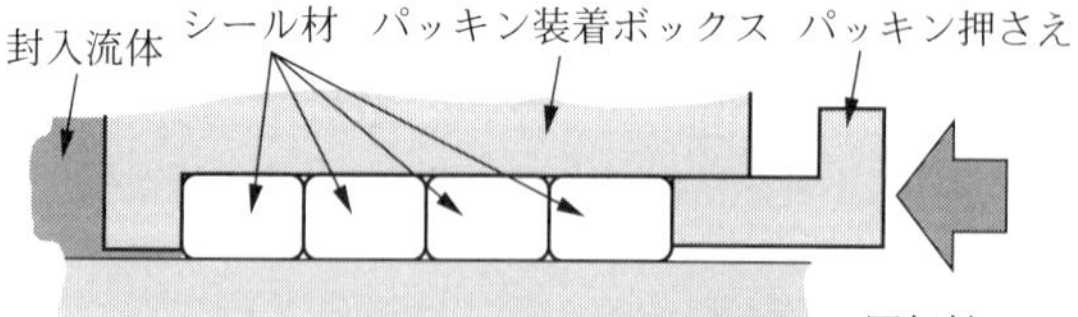

図 3　グランドパッキンの構造

ンと呼ばれるものがあります。あまり洗濯機には使われないので少し回り道ですが，このシールを題材にパッキンの仕組みを考えたいと思います。グランドパッキンは図3のように，断面が角形のリング状のシール材を何個か軸にはめて，左右から強く押し込み，シール材が横にはみ出そうとする圧力で軸との間をシールします。軸表面にシール材を押しつけるには，シールの外周側から軸に押し付けるように締め付けるのが最も直接的ですが，外周側から均一に強い力で締めるのは構造的に少し難しいので，軸方向左右から締め付けます。

グランドパッキンの基本思想は静止型シールと同じです。軸表面にシール材が密着し，かつ流体が漏れようとする圧力より大きな圧力で締め付けることで，漏れる道をふさぎます。軸方向に長くとることで，漏れる道があっても接触部を通るうちに行き止まりになる機会を増やしています。

さて，流体の漏れがゼロになるということは，漏れ道が完全にふさがれるということであり，流体は接触面から排除され，シール材と軸表面が乾燥した状態で接触することになります。流体が接触面にあると潤滑効果が発揮されるのですが，乾燥状態で接触するとシール材の摩擦が大きくなり，軸を回転させるのに大きな力が必要になり，摩擦熱で温度が上昇します。また，摩耗も大きくなり，摩耗が進むと締め付け力が抜けてしまい，漏れが始まります。つまり，基本的にシールというのは，漏れをよく止めようとすると摩擦摩耗が増えてしまうという，背反する性質を宿命的に負っているといえます。グランドパッキンでは少しの漏れは我慢して，接触面が流体で濡れるように締め方を調整して、摩擦や摩耗を減らすことが通常行われます。必要最小限の漏れになるように締め付けるのがコツです。軸の回転速度が小さい場合など、流体による潤滑がそれほどなくても大丈夫なときには、漏れるぎりぎりのところで締め付けるのが、最もうまいやり方になります。

力自慢とテクニック自慢

洗濯機の回転板軸シールにグランドパッキンを用いると、摩擦が大きいので大きなモータが必要になり、形状的に摩擦熱がこもりやすいので軸が熱くなりやすく、装着するための軸に沿った長いスペースが必要になります。また、潤滑や冷却のために若干の漏れをわざと起こすことも必要なときがあります。グランドパッキンは一〇気圧を超えるような高圧流体でもシールでき、構造が簡単で比較的安価なのでポンプなどでよく用いられていますが、このような理由で洗濯機の回転板軸シールにグランドパッキンはあまり使われていません。

よく使われているのはオイルシールと呼ばれるシールです。およそ一気圧以下の流体の回転軸や往復運動する軸に沿っての漏れをシールするのによく用いられるシールです。名前にオイルとありますが、オイル以外の流体のシールにも用いられます。図4のようにグランドパッキンに比べると繊細な作りで、主要部はゴムでできています。グランドパッキンは軸と長い距離で接触していましたが、オイルシールは先端のリップと呼ばれる、とがった薄い部分が軸と接触します。したがって、グランドパッキンを使うときより軸の長さを短くできます。グランドパッキンが力ずくで漏れを止める感じなのに対し、オイルシールはスマートなテクニックで止める感じがします。では、このようなごく短い接触部しか持たないオイルシールでグランドパッキン並みのシール性は得られるのでしょうか。

オイルシールは適切に使われるとかなり優秀なシール性を長期間発揮できるシールです。うまく使えばグランドパッキンより小さい摩擦で、ほとんど漏れがない状態が実現できます。ただ、作りが繊細で大きな圧力に耐えられないのが欠点です。さて、その密封メカニズムですが、じつは完全にはわかっていません（理屈がわかっていないのによく作れるものだと思うかもしれませんが、そういった機械や部品は珍しくありません）。ただ、グランドパッキンのように漏れ道を閉じてしまうという、わかりやすいメカニズムだけではないことは確かです。

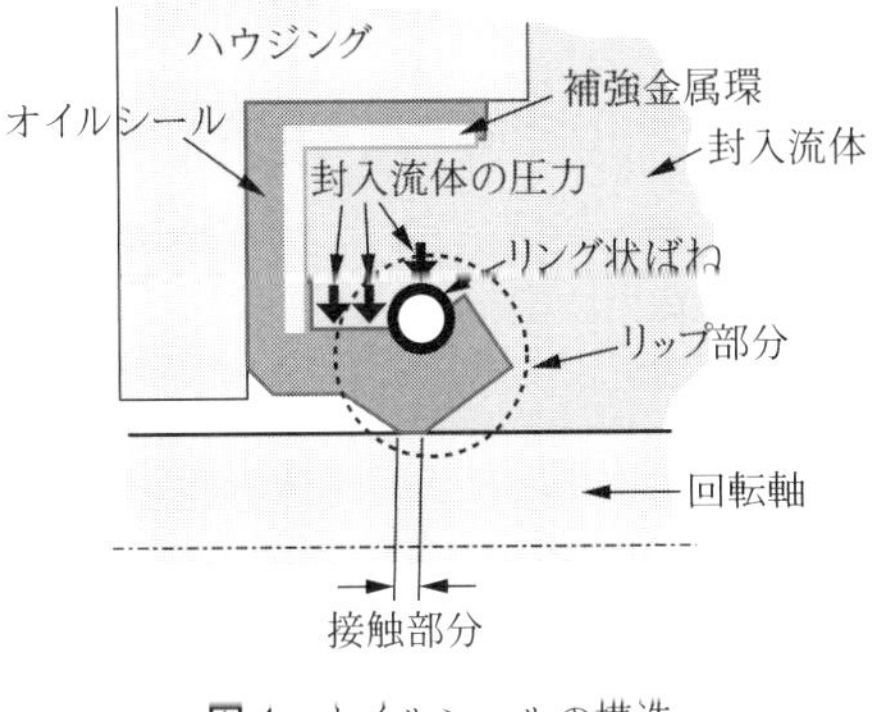

図4　オイルシールの構造

グランドパッキンとの大きな違いは、セルフシールという性質を持っていることです。オイルシールには、初期締め付け圧を与えるためのリング状ばねが組み込まれていますが、グランドパッキンが封入流体の圧力に応じて適切に締め付けてやらなければならないのに対し、図のようにオイルシールは封入流体の圧力も、ばねによる締め付け力に加えて自らの締め付け力に利用しており、圧力が高いときは締め付けも強く、圧力が低いときには弱く、というように自動的に封入圧力に応じた締め付け力が発生する構造をしています。これをセルフシールと呼びます。このおかげで、よけいな締め付け力による過大な摩擦や、締め付け力不足による漏れが避けられます。しかしこれだけではシール性の説明にはなりません。

試しにオイルシールのシールする側の反対側に流体をためて軸を回してみると、流体が吸い込まれるのが観察できます。つまり、オイルシールは逆ポンプの働きを持っています。この性質によって漏れようとする流体を押し戻して漏れなくしていると考えられています。では、単にゴムのリップが軸に抱きついて、短い接触面しか持たない構造のオイルシールが、どうやってポンプの働きをするのでしょうか。この点は完全には解明されていないのですが、およそ次のような仕組みと考えられています。

ゴム製のとがったリップの先端は軸に当てられて変形し、短い接触面を作ります。軸が回転すると、この接触面のゴム表面が軸表面に引きずられて、少し歪んだ「く」の字を作るようにしわになり、ゴムに加えられた添加物などによる凹凸が「く」の字状にならんで、ポンプのブレードの働きをし、漏れようとする流体を押し戻します（図5は透明な軸の中からオイルシールのリップの接触部分をながめたものに相当します）。この仕組みですと、接触面には流体がありながら、しかし漏れないという状態ですので、流体の潤滑作用が期待できて、シールの摩耗も抑えられます。

テクニックを発揮するために

オイルシールは、うまく使えばこのようなシールの仕組みが機能して、漏れも摩耗も少ないシールとなりますが、軸の太さや表面の仕上げ状態が適切でなかったり、回転による軸のぶれが大きかったり、封入流体が水のように粘度の小さいものであったりすると、このメカニズムがちゃんと機能しません。接触面間に入ってくる流体が多くてポンプで押し戻すのが間に合わず漏れてしまったり、逆に接触面間の流体が少なくてリップのゴムと軸が接触し、すぐにリップが摩耗してしまったり、というトラブルが発生します。

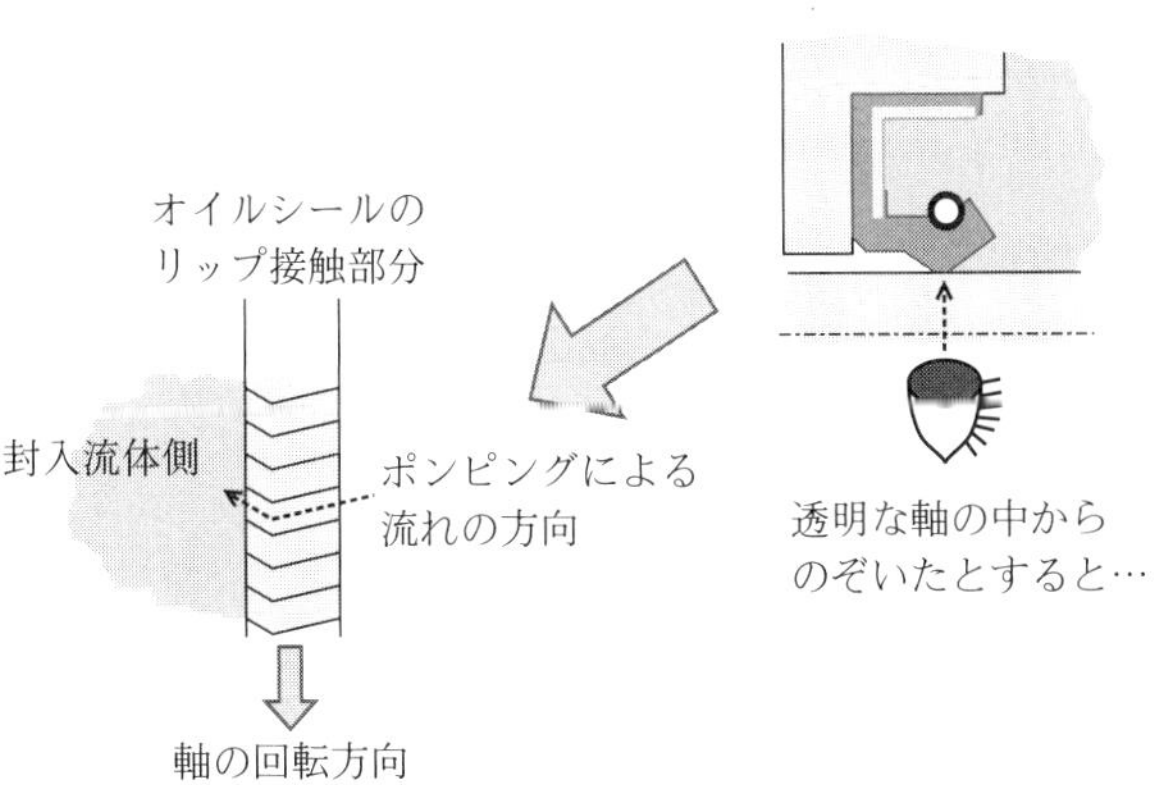

図5　オイルシールの軸との接触面

洗濯機では封入流体は、石けんや糸くずが入っていますが、もちろん水です。したがって油に比べて粘度がずっと小さく、オイルシールの接触面間に水膜ができにくく、リップの摩耗が激しくなりがちです。これを防ぐために、リップを二つ設けて水に溶けにくいグリースをリップ間に封入し、このグリースでシールを潤滑し、水をバリアして通らせないという方法もとられます。

衣類から出る糸くずや細かいゴミ、砂などもシールにとっては大敵です。オイルシールは材料が軟らかいゴムであり、構造も繊細なので、接触面に硬いゴミが入ってくると傷ついて漏れを起こしやすい弱点があります。そこでゴミなどの浸入を防ぐ目的のシールが別につけられます。このシールは水圧に耐える必要はなく、ただ遮蔽《しゃへい》板の働きをすればよいのですが、砂や、場合によってはポケットに入っていたクリップなどが当たってくる、防御の最前線に立つ重要なシールです。これでも十分でないときがあるので、空気の閉じこめられたバリア空間を洗濯槽の水とオイルシールの間に作る構造も取られています。

洗濯機の水には漂白剤が入っていることもあり、ゴムのようなシールの材料には大敵なので、よく耐久性を検証することが必要です。また、特に脱水槽は洗濯物のアンバランスのために回転ぶれが大きく、それを支える軸も回転ぶれが起こりやすいのですが、それでもシール性を確保しなければなりません。そのため、シールを支持する部分自体をゴムにして、シールのリップよりも柔らかく支持することで、ぶれを支持部分で吸収し、リップに影響が及ばないようにしたりする工夫がなされています。

洗濯機を使うときに、ほとんどの人は気にしたことがないでしょうが、見えないところで地道に働くこれらのシールによって、室内で洗濯することが可能になっているのです。

掃　除　機

ゴミを吸い取る小さな宇宙

私たちが一般に「掃除機」と呼ぶ家電製品は、詳しくは「電気式真空掃除機」と称されています。英語では Vacuum Cleaner と呼ばれていますが、直訳すると真空クリーナです。

真空といえば、皆さんはまず、空気のない宇宙空間を想像するかもしれません。宇宙空間の圧力は、私たちが暮らしている大気中の一〇〇億分の一以下にもなる極低圧力です。もし宇宙船に穴があいたら、船内の空気は圧力の低い外部へと勢いよく吸い出されてしまうでしょう。こうした、圧力の差によって空気が流れる現象を利用し、空気流にゴミを乗せて吸い上げるのが、いわゆる掃除機の基本的な仕組みです。

掃除機では、本体内部にあるファンモータのファンを電動モータで高速回転させて、空気を外に吸い出すことにより内部の圧力を低下させ、ちょっとした真空状態を作り出しています。掃除機内部の圧力は、低圧といってもせいぜい大気圧の数分の一程度で、宇宙空間の真空とは比較になりません。しかし、この圧力の低下によって、内部には時速約一〇〇㎞もの高速な空気流が生じます。この空気流を利用してゴミを吸い上げて捕集するのです。

掃除機の構成と仕組み

掃除機は一般的に、写真1のような構成になっています。外観はヘッド、ホース、本体より構成され、本体内部には空気流を作り出すファンモータ、ゴミを回収するダストケースが備わっています。スイッチを入れるとファンモータが回転し、内部に高速の空気流が生じます。床に散らばったゴミは、ヘッドに仕込まれた回転ブラシと空気流の働きにより床から吸い上げられ、そのまま空気流に乗ってホースから本体内へと運ばれ、回収される仕組みになっています。

吸込パワーの源泉　ファンモータ

電器店や掃除機のカタログなどで吸込仕事率という言葉をよく見かけることと思います。吸込仕事率は、吸込力の目安として規格に定められたもので、この数字が大きいほど、空気を吸い込む能力が高いことを示しています。掃除機の吸塵には、ヘッド部分の回転ブラシの働きなども関わっていますので、必ずしも「吸込仕事率＝吸塵力（ゴミを吸い取る力）」とはいえません。しかし、掃除機では空気を吸い込んでゴミを回収していますので、吸込力はいわばパワーの源泉ともいえます。こうした背景もあって、日本の掃除機の歴史においては、吸込仕事率の向上が取り組まれてきました。あるメーカーのカタログをひも解いてみると、一九六七年モデルの吸込仕事率が八六Wであったのに対し、二〇一〇年モデルでは六四〇Wに向上されていま

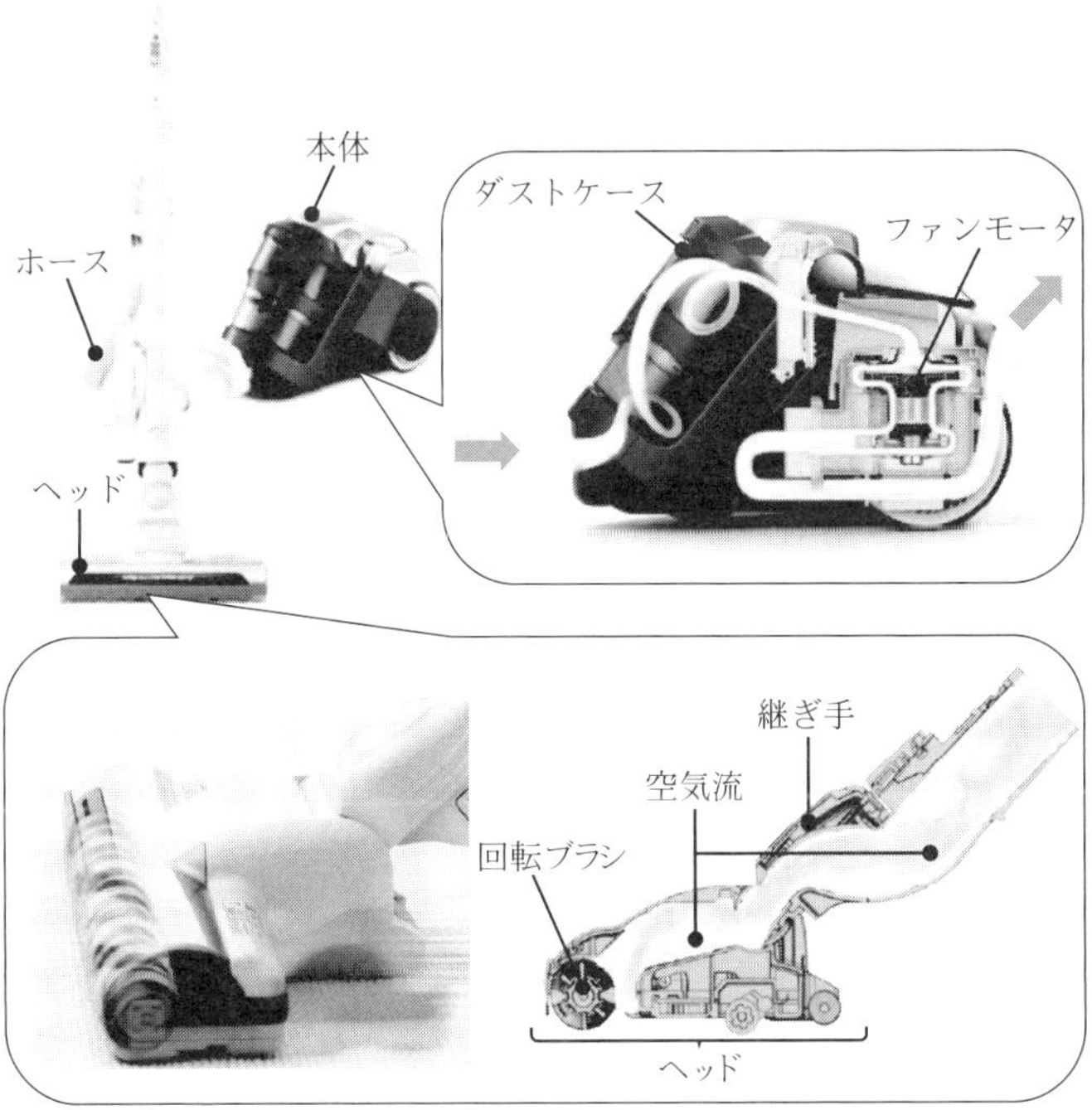

写真1　掃除機の構成例

す。

この空気流を生み出す源となるのがファンモータです。ファンモータは写真2のような構造になっており、モータに取り付けられたファンを高速回転させて空気を外部に吸い出します。吸込仕事率を向上させるには、ファンモータの空気を吸い出す能力を向上する必要があります。一方で、小型軽量であることが好まれる掃除機では、ファンモータの体格を大きくするのは避けたいところです。ファンモータの大きさを変えずに吸込仕事率を上げるには、ファンの効率を向上するとともに、モータの回転速度を上げることが有効です。

そのため、掃除機のファンモータは年々高速化する歴史を歩んできました。先ほどのメーカーの例では、ファンモータの回転速度は一九七〇年代まで毎分二万回転程度でしたが、二〇一〇年には毎分四万四千回転に高速化されています。

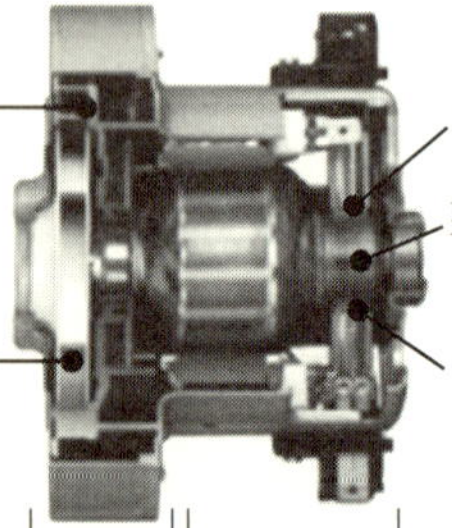

写真2 ファンモータ（断面）

ブラシモータの超高速回転

この高速回転を作り出しているのが、モータです。モータは、回転に合わせて電磁石のN極とS

極を次々と切り替えることにより，磁石が引き合う力を連続的に発生させて回転力を作り出しています。この極の切り替えに，ブラシと整流子からなる摩擦電極を用いるものをブラシモータ，ブラシを用いずに電子回路で極を切り替えるものをブラシレスモータといいます。掃除機には交流整流子モータあるいはユニバーサルモータと呼ばれるブラシモータが多く用いられています。複雑で高価な電子回路を要するブラシレスモータに対し，ブラシモータはシンプルな回路で回転数を容易に制御できる利点があり，小型，高効率でしかも安価にできることがおもな理由です。

ブラシモータの構造は，図6のようになっています。回転する整流子に対してブラシがばねで押しつけられて接触摩擦し，電流を流します。整流子は整流子片と呼ばれる電極が円筒状に並んだ集合体で，回転に応じてブラシと接触する電極が切り替わることにより，磁力の向きを制御し，持続的な回転力を生み出すのです。このブラシの性能，特に摩耗特性が，寿命を含む掃除機の性能に大きな役割を占めるため，ブラシは最も重要な部品の一つとなっています。

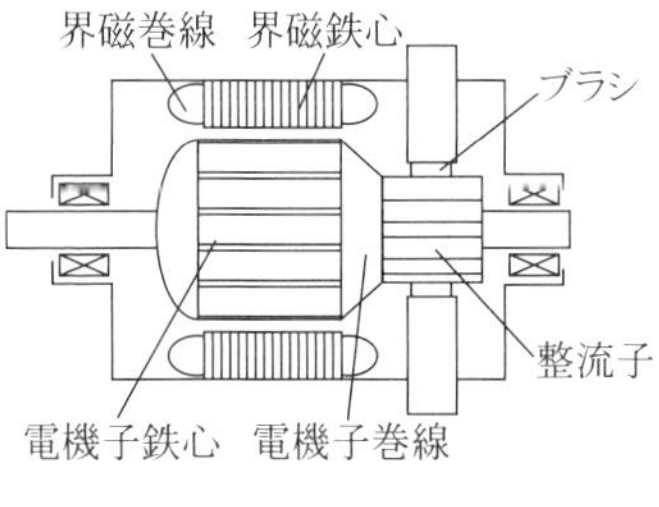

図6　ブラシモータ（交流整流子モータ）の構造

ブラシと整流子の厳しき世界

さて、このブラシと整流子は、たがいに接触して摩擦しながら電流を流すという点で、いわば電車のパンタグラフと架線のようなものです。仮に、整流子が毎分四万回転で回るとすると、ブラシが滑る速度は特急電車並みの時速一五〇㎞にも達します。安定して電流を流し続けるためには、ブラシと整流子は高速で滑りながら、つねにスムーズで安定的な接触状態を維持する必要があります。

本書でもこれから何度か登場しますが、摩擦しながら電流を流す技術は、トライボロジーの重要な技術分野の一つです。電流を流すために、トライボロジーで一般的に使う技術が使えない場合があります。例えば、摩擦する機構には、潤滑油が使われることが多いのですが、ブラシと整流子には、絶縁体となる潤滑油は適しません。電流をスムーズに流すため、ブラシと整流子はつねに直接接触しながら摩擦する必要があるのです。

さらに、一般家庭で使用する掃除機のモータでは、頻繁にブラシを交換するわけにもいきませんから、ブラシと整流子がいかに摩耗せず長持ちするか、それがモータの寿命を決定する大きな要素といえます。経済産業省の調査によると、国内での掃除機の平均稼働時間は一日当り六分、使用年数は七・七年くらいだそうです。これを総稼働時間に換算すると約二八一時間になります。モータの回転数は製品の種類や使い方によっても異なりますが、仮に、モータがこの間ずっと毎分四万回転で動いたとすると、ブラシの摩擦距離は約四万二〇〇〇kmにもなります。これは地球一周分以上に相当する距離です。つまり、掃除機のモータでは、油を用いず、特急電車並みの速度で、こうしたレベルの長距離の摩擦をしても壊れないブラシと整流子を作ることが重要なのです。

電流による摩耗

そこで、電流を流しやすく、摩擦の小さい材料の組合せという観点から、ブラシにはグラファイト（黒鉛）を含んだ炭素系材料が、整流子には銅系材料が多く用いられています。グラファイトは図7に模式的に描かれたように、炭素原子を六角形につなげたように結合した層が積み重なった構造となっています。

層の内部は結合力が強いのに対して、層の間は結合力が弱く、たがいに滑りやすい性質を持っています。つまり、図7の縦方向の荷重は支えつつも、横方向にはよく滑る構造です。このような、滑りやすい固体材料を潤滑油の代わりに用いて摩擦を低減する仕組みを、固体潤滑と呼んでいます。グラファイト

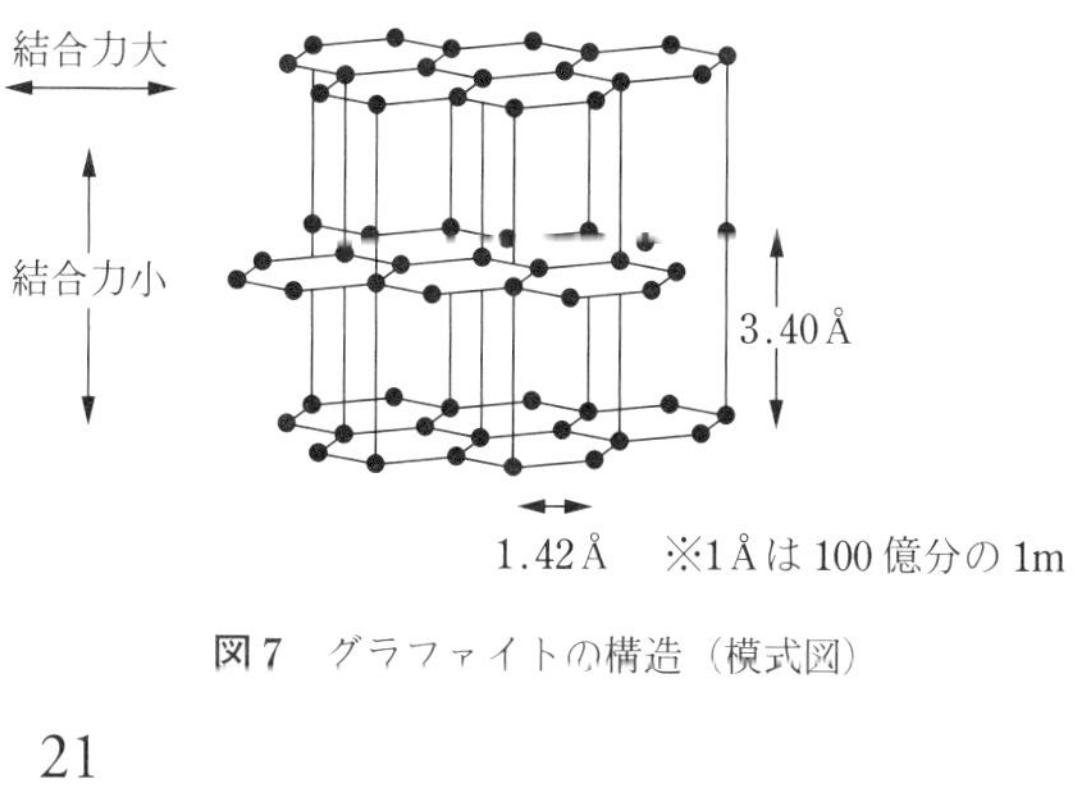

図7　グラファイトの構造（模式図）

は代表的な固体潤滑剤で、広く用いられており、本書でもこれから何度か登場します。また、電気を通しやすいので、ブラシのような、摩擦しながら電流を流す部品に適した材料といえます。

ブラシと整流子の寿命を決める摩耗のメカニズムは複雑です。機械的にこすられるだけでなく、電気接点特有の現象も加わるため、電流を流したときの摩耗は流さないときの数倍にもなるといわれています。

摩耗が多くなる理由の一つは、電流が流れることにより、ブラシと整流子のミクロな接触領域が加熱されて温度が上昇し、摩耗しやすくなることです。ブラシと整流子が接触する面をミクロの視点で見ると図8のようになっています。洗濯機のシールのところでお話ししたように、一見滑らかで一様に見える表面も、ミクロレベルには多くの凹凸が存在しています。また、薄い酸化物の膜や汚れが付着したりしていますので、二つの物体が接触しているといっても、じつのところ、本当に接触して電流が流れているのは、いくつかのミクロな凸部どうしの限られた領域だけという

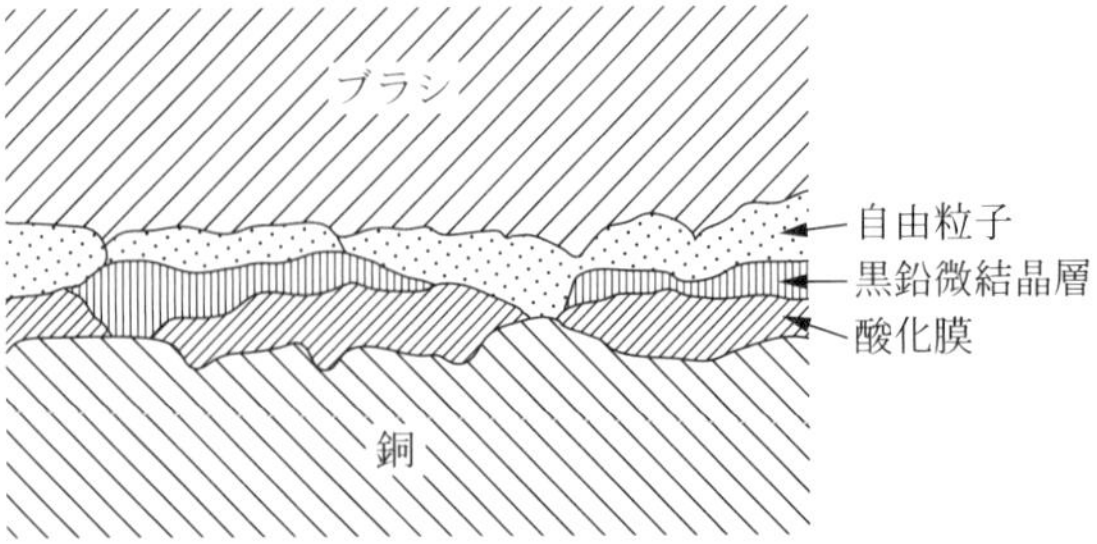

図8　ブラシと整流子のミクロ接触面（模式図）

ことがほとんどです。

こうした接触領域はみかけの接触領域の数百分の一から数千分の一となることもあるといわれています。接触面では、電流はこの狭い領域に集中して流れなくてはなりませんので、電気抵抗が大きくなります。これを接触抵抗といいます。接触抵抗は一般にその固体の抵抗よりも一桁程度大きいといわれています。抵抗に電流を流すと熱が生じますが、接触部に電流が流れると接触抵抗により熱が生じ、温度が上昇しやすくなります。温度が上昇すると材料が軟化したり、酸化消耗されやすくなったりするため、摩耗が促進されるのです。

もう一つの理由は、電気火花の発生による電気的摩耗の発生です。ブラシのジャンプなどにより、ブラシと整流子が離れるとき、火花が生じることがあります。夜、走っている電車を見ると、時折、パンタグラフと架線の接触部分から明るい火花を生じているのが見られますね。大きなエネルギーを持った火花の発生は、ブラシや整流子の表面を損傷させてしまうのです。損傷により表面の凹凸が増加すると、ブラシがさらにジャンプしやすくなりますから、また新たな火花が発生し、この連鎖が摩耗の急増につながります。

よりスムーズに、しなやかに

このため、長寿命で高品質な掃除機を作るうえでは、高速に滑るブラシが整流子に対してジャンプしないように、つねに安定して接触させ、火花をできるだけ起こさないようにすることが大切です。よりスムーズで、しなやかな摩擦接触をさせるための、さまざまな工夫が施されています。

図9のように、ブラシは保持器に収納された状態で、回転する整流子にばねで押し付けられる構造となっています。安定して接触させるためには、まず、整流子の回転の振れ回りをできる限り低減することです。回転部の高精度なバランス取り（遠心力で振れ回らないようにすること）、偏心が小さい高精度軸受の使用、整流子の接触面を滑らかにする研磨加工などにより、整流子のふらつきを抑えてスムーズに滑るようにさまざまな配慮がされています。

次にブラシです。先ほど述べたように、整流子には偏心を除くためのさまざまな工夫が施されています。ところが、実際の製造過程では加工のばらつきが生じるため、整流子はどうしてもわずかに偏心してしまいます。このため、ブラシはこの偏心にしなやかに追随する必要があるのです。

ブラシを押す圧力と摩耗には図10のような関係があることがわかっています。一般的に、摩擦材どうしを押し付ける力が大きいほど、摩耗は大きくなることが多いのですが、ばね力がある程度大きいほうがブラシはジャンプしにくく、接触が安定するため、電気的な摩耗は減少する傾向にあります。しかし、力が大きすぎると今度は接触する圧力が高くなり、摩擦摩耗が増加してしまいます。すなわち、ブラシを押すばね力には最適値があるわけです。

また、保持器のすき間が大きすぎるとブラシが暴れやすく、狭すぎるとブラシが動きにくくなって、どちらも接触が不安定になってしまいます。このため、整流子の偏心に応じてブラシの動きを安定させ、かつ摩耗を少なくするには、ブラシに絶妙なばね力とあそびを与えることが大切です。これらを総合して最適設計するために、ブラシの動きを解析してばね力や保持器の形状が決められています。

ブラシの材料では、ベースとなる炭素系材料に、グラファイトと並ぶ一般的な固体潤滑剤である

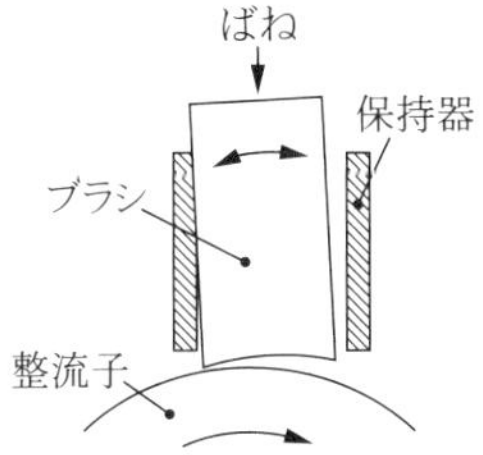

図 9　ブラシの支持構造

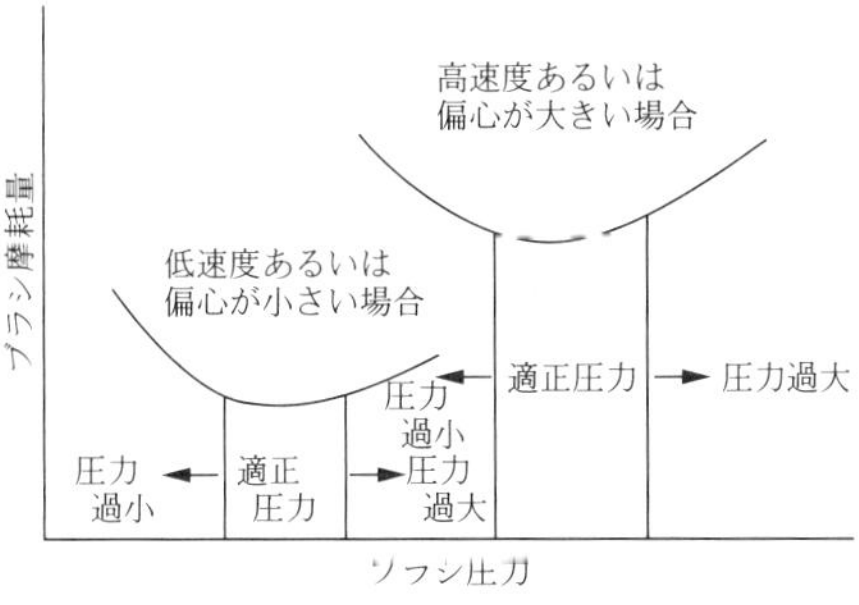

図 10　ブラシの圧力と摩耗の関係

二硫化モリブデン（これも特殊な結晶構造のために滑りやすい材料です）や、樹脂を混合することにより、潤滑性および材料自体の柔軟性を増し、接触の安定性を向上する工夫がなされています。また、図11のように、ブラシに銅粉を充填したり、銅メッキを施したりしてブラシの電気抵抗を低減し、ブラシの温度上昇とそれに伴う熱変形を抑える工夫もなされてきました。

高速回転しながら滑らかな接触状態を保つこと、電流が途切れないこと、摩擦が小さいこと、長寿命であることなど、掃除機を作るうえでブラシに求められる性能は厳しいものばかりです。しかも、これらの性能を魔法のように劇的に高める方法はありません。ここで紹介した技術以外にもさまざまな創意工夫が積み重ねられて、今日の高速モータがあるのです。

掃除機がゴミを吸い込む仕組みの大元である、ファンモータについて紹介しましたが、掃除機にはほかにも、摩擦や摩耗を減らすさまざまな工夫があちこちに凝らされています。トライボロジーは掃除機の進歩のうえでキーテクノロジーの一つとなっているのです。

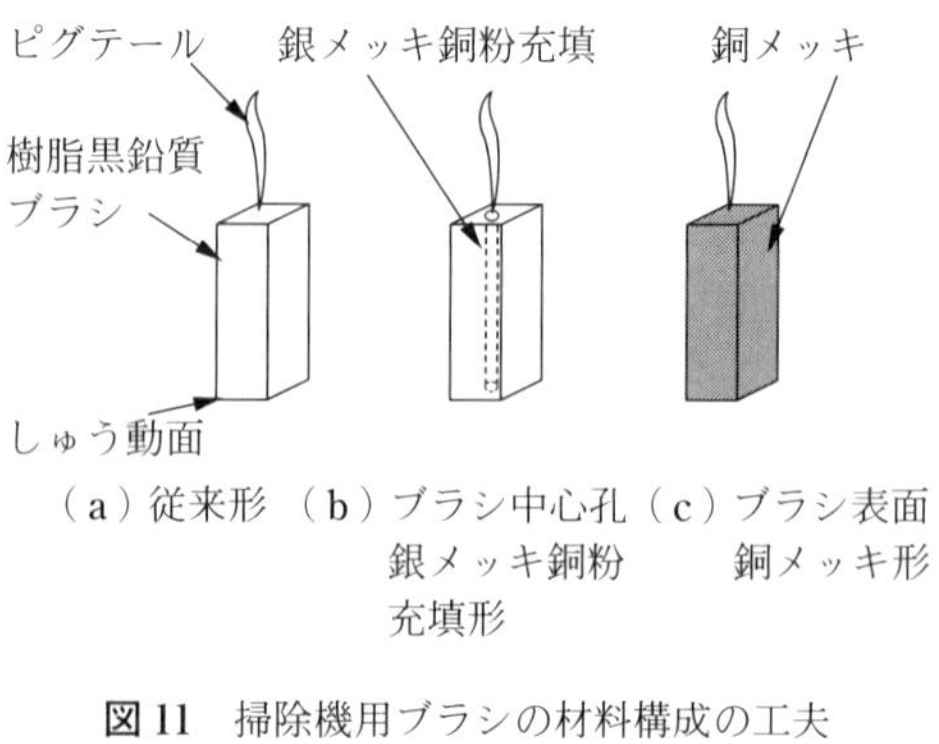

図11　掃除機用ブラシの材料構成の工夫

エアコン・冷蔵庫

熱の移動で涼しさを味わおう

地球温暖化の影響か、いまやエアコンは完全に夏の必需品となりましたが、一九八〇年代にはまだ持っていない家も結構ありました。ところが最近では、熱中症対策にエアコンの使用が推奨されるほどで、日本の夏もずいぶん暑くなったようです。冷蔵庫はエアコンよりかなり前から普及が始まりましたが、「冷やす」という機能を実現するための仕組みは、エアコンとほとんど同じです。冷蔵庫のほうが日常生活において差し迫った需要があったために、開発や普及が早くから進んだものと思われます。この「冷やす」ための仕組みにもトライボロジーが大きく関わっています。

普通、ものを冷やすには、飲み物に氷を入れるように、冷やしたいものより冷たいものを使います。実際、初期の冷蔵庫には、氷屋さんから氷を買って、その氷の冷たさで冷やすものがありました。いまの冷蔵庫やエアコンは、もちろんそんなことはしていませんが、より冷たいものを使うというのは同じです。自分の中で冷たいものを作り、それに空気を触れさせて庫内や室内を冷やしています。

外とあまり熱が行き来しない状態で、気体を圧縮すると熱くなり、膨張させると冷えるという現象を、理科で習ってご存知の方も多いと思います。自転車のタイヤに空気入れのレバーを一生懸命上げ下げして空気を入れると、空気入れが熱くなる経験をされた方もいるでしょう。摩擦によって熱くなる部分もありますが、空気を圧縮して圧力を上げることで、空気入れの中の空気が熱くなります。冷たいものを作るのに、エアコンや冷蔵庫はこの現象を利用しています。

簡単のために注射器の中に閉じ込めた空気を考えます。注射器のピストンを押して空気を圧縮し、熱くします。熱くなるのを実感するには、熱が外に逃げる時間を少なくするために、なるべく素早くピストンを押すのがコツです。この状態のまま、熱くなった空気が周りの部屋の温度と同じになるまで冷まします。その後、ピストンを元の位置まで戻すと、空気は圧縮された状態から膨張して元の体積に戻ることになりますので、温度は下がります。膨張する前は部屋と同じ温度まで下がっていたので、元に戻ったときには空気の温度は部屋の温度より下がっています。この仕組みを連続して速く行うようにしたのがエアコンや冷蔵庫です（図12）。

エアコンや冷蔵庫では空気の代わりに、より効率よく熱くしたり冷やしたりできる冷媒という気体（冷える過程で液体にもなります）を使います。この冷媒を圧縮するのにコンプレッサ（圧縮機）が使われます。このコンプレッサにおいてトライボロジーが重要な役割を担っています。膨張のほうは普通、膨張弁を通して冷媒を噴出させて行っています。

エアコンでは、コンプレッサで圧縮して熱くなった冷媒を室外機で冷やして液体とし、膨張弁で膨張させてさらに冷やして、冷たくなった冷媒を室内機に送ります。この冷たい冷媒が蒸発しながら室内機の熱交換器を介して室内の空気を冷やして（冷媒自らは熱をもらって気化して）から、冷媒をコンプレッサに戻します。つまり、冷媒によって熱を室内から室外へ汲《く》み出しているわけです。

エアコンの血液――冷媒と潤滑油

冷媒は先に述べたように、熱を室内から室外に一生懸命運んでくれる大切な役割を持っているわけですが、その材質や性質はエコロジー意識の高まりに関連して非常に重要なテーマとなってきていて、いま現在もより環境にやさしい冷媒とそれを用いたコンプレッサについての研究・開発が活発に行われています。

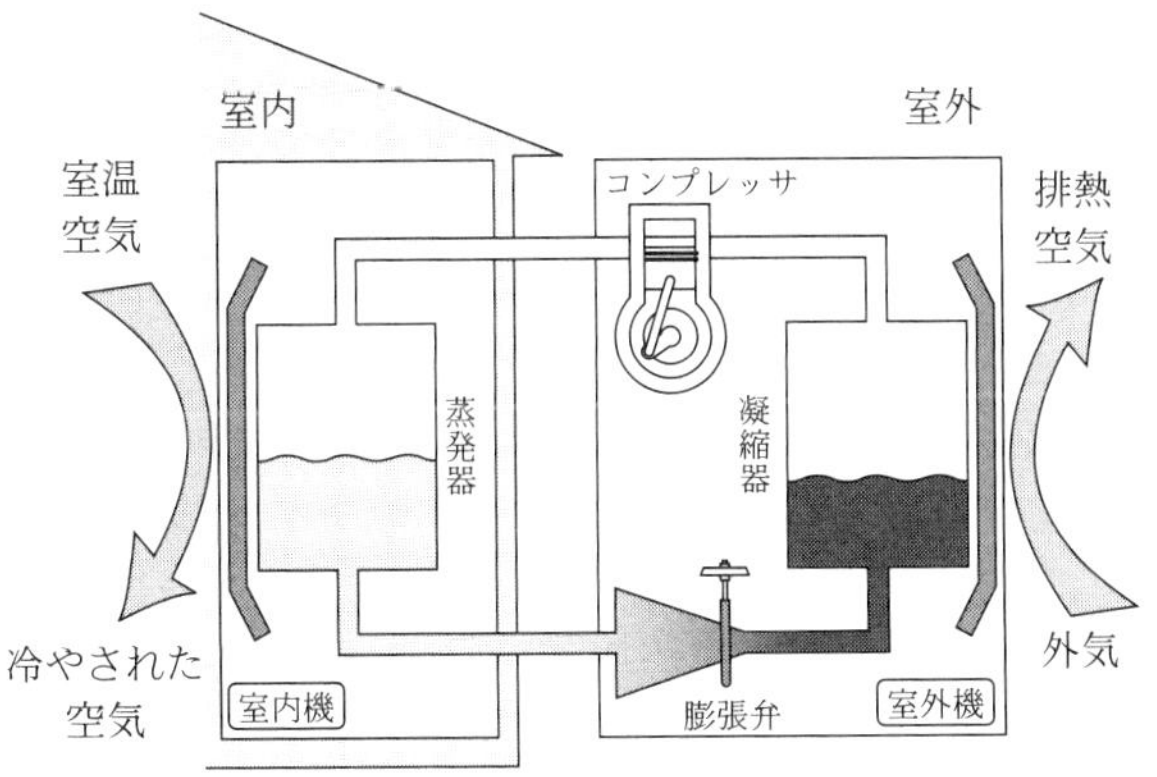

図 12　エアコンの仕組み（冷房時）

これまで述べたように、冷媒は圧縮と膨張により気化と液化を繰り返しながら、大気と熱交換をする働きを持っています。このため、長期間の連続運転でも劣化せず安定な物質であることが必要です。また、実際に使用される環境内で適切な圧力や粘性係数で、かつ比熱や蒸発潜熱が大きいことがエアコンの効率化には必要です。さらに、毒性、爆発や燃焼の危険性が低いほうがよく、そしてもちろん、普及するためには安価であることが必要です。

ところで、冷媒はエアコンの最重要部品であるコンプレッサの内部で圧縮されるのですが、このコンプレッサは非常に過酷な運転状態で動いています。同じ重さを支えるときに、小さな面積で支えるほうが圧力が高くなって厳しいということは、感覚的にもわかると思います。例えば、平らな板の上に座るよりも、ごつごつしたところに座るほうが重さを支えている面積が小さいので痛いと感じますし、もっというと、剣山みたいなものには痛くて座れません。同じように機械の内部でも、異なる部品どうしがこすれ合うときに、大きな面どうしが当たっているときより、例えば円柱と平面のように、ほとんど線で当たっているほうが厳しい条件であるといえます（図13）。じつはコンプレッサの内部には、構造上線で接触しながら滑らないといけない部分がいくつか存在し

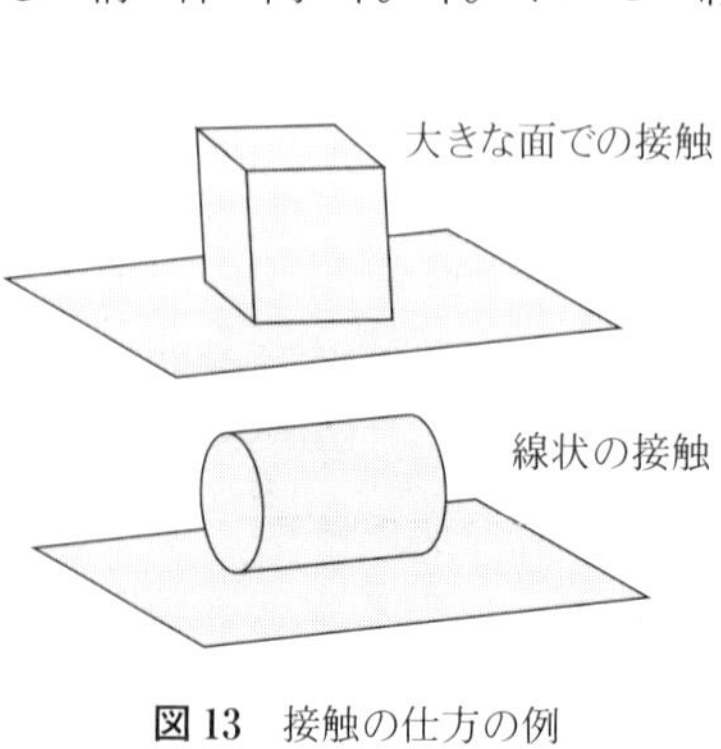

図13　接触の仕方の例

ています。

ものとものをスムーズに滑らせたいと考えた場合、普通は油をさすことを考えると思います。エアコンのコンプレッサのようなシステムにも潤滑油が使われ、冷凍機油と呼ばれますが、これがうまく働かないと、性能低下や、ひどい場合には機械が壊れてしまうことになります。エアコンのシステム内では、すでに述べたように冷媒が存在していますが、冷凍機油はこの冷媒に数％混じった状態で一緒に循環されることで、システム内の機器をうまく潤滑しています。

このような働きを実現するために、冷凍機油にはまず冷媒と溶け合う性質が必要で、さらに低い温度でも流動性があることが重要となります。ところで、通常液体はドロドロしている（これを粘度が高いといいます）ほうが潤滑の働きがよくなります。これは、床に水と油がこぼれているときには、油のほうが滑りやすいことを考えれば簡単にイメージできると思います。

液体は温度が高いほうが粘度が低くなる、つまり潤滑作用が低くなります。ところが、機械内部では滑っている部分を潤滑したいわけですが、摩擦熱によって油の温度が高くなってしまうために、滑っているところほど潤滑作用が低くなります。しかも、部品どうしがゴリゴリとこすれ合うような非常に厳しい摩擦状態であるほど、摩擦熱が高くなっていよいよ潤滑性が低下してしまいます。自動車のエンジンオイルなどでも、このための対策が必須になっています。

エアコンのコンプレッサでは、さらに潤滑油の粘度が下がる要因があります。先ほど冷凍機油は冷媒と溶け合う性質が必要と書きましたが、冷凍機油の粘度は冷媒が溶け込むと著しく下がってしまうのです。この点がほかの機械にはない、エアコン用コンプレッサの潤滑に特有の難しいところです。

ところで、冷媒と一口にいっても多くの種類があり、大きく「自然冷媒」と「フロン」に分けることができます。「自然冷媒」とは名前の通り、もともと自然に存在する冷媒で、例えば、アンモニアや二酸化炭素、炭化水素、水、空気などです。ただし、毒性や可燃性を持つものなど、冷媒として使用しにくい面もあり、フロンに比べるとあまり使われていません。一方、「フロン」は冷媒として好ましい性質を持つように人工的に合成されたもので、炭化水素中の水素をフッ素や塩素で置き換えたものです。このフロンはまた、含まれる原子によりCFC、HCFC、およびHFCの三つのタイプに分けられます。これらの名前の最初のCは塩素（Cl）、Hは水素、Fはフッ素、最後のCは炭素を表します。

読者の皆さんは、フロンという名前をオゾン層を破壊する有害な物質であるというニュースなどで知っているのではないでしょうか。ですが、いま述べた三タイプのフロンのうち、オゾン層にとって問題になるのは塩素を含むCFCとHCFCの二つのタイプで、これらは特定フロンと呼ばれています。オゾン層に悪さをするのはこの塩素です。そのためCFCはすでに製造されていませんし、HCFCも二〇二〇年には製造を中止することが決まっています。一方HFCは代替フロンと呼ばれ、塩素が含まれていないため、特定フロンに代わって使用されるようになってきました。

しかし、代替フロンたるHFCへの移行は、トライボロジーの面で困難を伴いました。一般的に機械の設計・開発ではすでに前のバージョンの技術や製品がある場合には、できるだけ前のものにならった仕様で作ったほうがミスやトラブルが防げて開発コストが下がります。このため、HFCを使うにしても、これまで使用してきたいくつかの特定フロン用の機器の設計を流用したり、あるいはより効率を高めるために数種類のHFCを混合したりして、圧力や比熱などを調節して使用されています。しかし、その昔、オゾン層を破壊するなど予想もされていなかった時代には、その冷媒としての優れた性質と安定性から「夢の化学物質」といわれた特定フロンには、潤滑の観点からも代替フロンにはない優れた性質がありました。

例えば、特定フロンであるCFCには、その塩素の部分が働くことで、鉄でできた部品どうしのしゅう動部分に塩化鉄の膜を作り、これが潤滑効果を発揮することで摩耗や焼きつきを防止する有用な効果があります。コンプレッサの厳しいしゅう動部分では油膜がなくなることも多く、この膜の作用が潤滑上大きな役割を持っていました。ところが、塩素を持たないHFCではこの性質が失われてしまいます。そのため、これらの代替フロンを使用するためには、しゅう動面の材料の変更や、冷凍機油に別の物質を添加して、摩耗に対して強い性質を与えるなどの工夫が必要となりました。

ところでＨＦＣは、オゾン層には安全でも、地球温暖化に対しては悪影響を与えるため、使用量を削減する対象となっています。そのため、将来的には生産が中止される可能性があります。エアコンの効率を高めるためにせっかく開発されてきたフロンですが、将来的には全面的に使用できなくなる可能性があります。そのため、さまざまな技術が開発されて自然冷媒を使用する家電製品の開発も行われており、近年ではすでに冷蔵庫などで実用化されてきています。

コンプレッサ――高性能の要

これまで、冷媒の圧力と温度を上げるためにコンプレッサを使うことをお話ししてきましたが、単に冷媒を圧縮するといっても実際に製品として設計するためには、振動や騒音を抑えることも必要ですし、なにより高効率でないといけません。また、コンプレッサ内部には多くのしゅう動面があり、トライボロジーが重要になってきます。エアコンなどの一般家庭電化製品に使用されるコンプレッサはいくつか種類がありますが、代表的なものにはレシプロ式、ロータリー式あるいはスクロール式などがあり、それぞれに特徴とトライボロジー的な難しさがあります。

(1)　レシプロコンプレッサ

図14はレシプロコンプレッサの仕組みについて示しています。これはモータなどからの回転運動をクランクなどによりピストンの往復運動に変換して圧縮を行うもので、ピストンの下降の際に取

り込んだ冷媒ガスを、その後の上昇の際に圧縮して吐出口から取り出します。この圧縮機は冷媒の吸入と圧縮の行程が独立していて、圧縮される様子も容易にイメージできると思います。歴史も非常に古く、もともと明治時代に鉱山の採掘を行う機械の動力として使われ始めました。

機械の内部のしゅう動面としては、おもにクランクの軸を支えている軸受やピストンとシリンダの間になりますが、この後出てくるほかのタイプのコンプレッサと比べると、比較的穏やかな潤滑条件になっています。ピストン外周の凸面とシリンダ内周の凹面が滑り合うのですが、これは面と面の接触に近く、接触圧力は比較的低くなります。

このようにトライボロジー的には比較的緩やかといえる機械ですが、ピストンの往復運動や弁の開け閉めに伴う振動騒音が大きくなりがちなので、家庭用エアコンには、この後に説明する回転式のコンプレッサのほうがよく使われています。

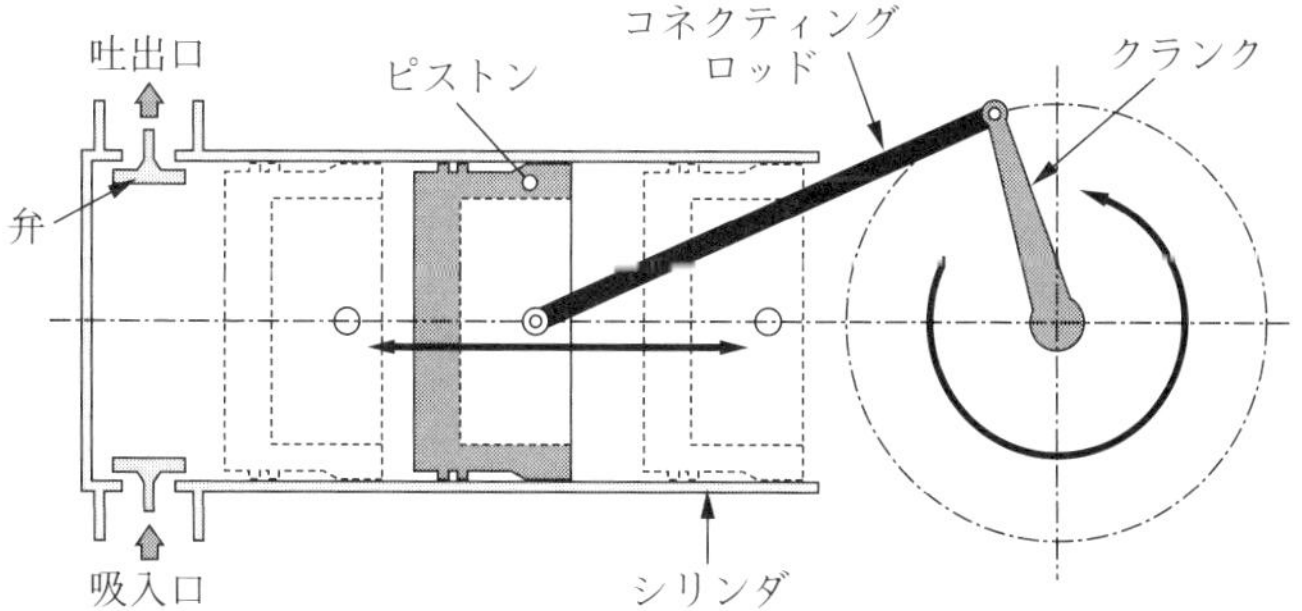

図 14　レシプロコンプレッサの仕組み

(2) ロータリーコンプレッサ

この方式のコンプレッサは、シリンダ内で偏心したローラが回転することによって冷媒を圧縮します。往復運動がないので、レシプロコンプレッサに比べると振動騒音が小さく、家庭用エアコンにはよく用いられます。図15はこのタイプの中でもシングルベーン形と呼ばれるものの仕組みを表したものです。吸入口から入ってきた冷媒はローラが回転する間にだんだんと圧縮され、最終的に高圧になって吐出口より出てきます。

このとき、吸入口から入った冷媒がそのまま吐出口に出てしまうのでは意味がありませんから、ここを隔てるためにベーンというものが仕切り板の役割を果たしています。このベーンは、冷媒蒸気が漏れないように、偏心しているローラに押しつけられ、接触している先端が相対的に滑っている状態で、ローラの回転に合わせて出たり入ったりします。

ローラの回転速度は、だいたい毎分二〇〇〇〜五〇〇〇回転で、このときのベーンの先の滑り速度は一〇m／s以上にもなります。ベーン自体は三〇N程度の力でローラに押しつけられていますが、ベーンの先端には曲率が付いていて、相手のローラも円筒なので、接触部分は前にも述べた線

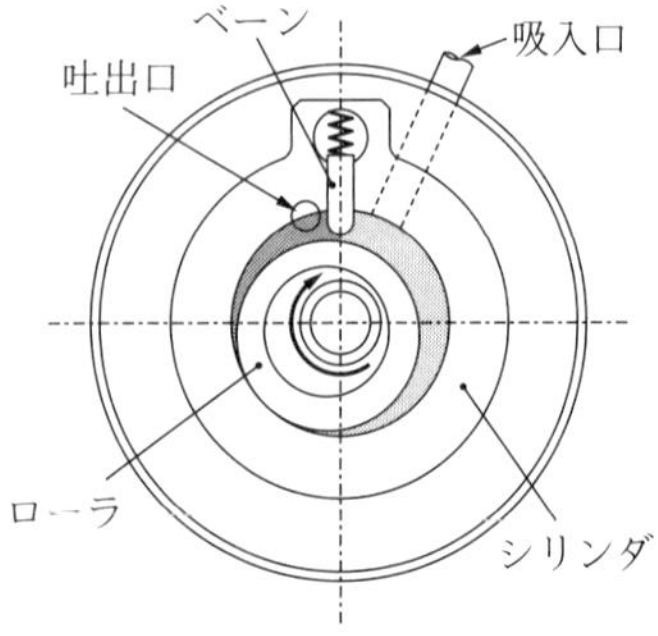

図15　ロータリーコンプレッサの仕組み

状の接触になります（これを線接触といいます）。厳密にはローラもベーンも接触する圧力で変形するので、接触部分は細長い矩形になりますが、それでも非常に高い圧力、具体的には数百MPaになることさえあります。これは一㎠あたりに約一〇〇〇Nの重さが乗っている状況に相当します。

それでも、ローラはベーンに比べて大きく接触部からの熱が逃げやすいうえに、接触部もつねに変わるのでまだよいのですが、ベーンのほうはつねに先端部で接触していることになるため、絶えず摩擦熱が発生するという非常に過酷な使われ方をする部品です。したがって、もちろんベーンとローラの間も潤滑油で潤滑されています。しかし、ロータリーコンプレッサの場合には、機構的に一サイクル中に潤滑油が接触部に入り込む作用がなくなるところがあります。そこでは実質的に潤滑されていないのと同じ状態となってしまうので、摩擦が大きく、摩耗による寿命低下も起こりえる、厳しい運転条件にあります。この条件をクリアするためにベーンの材料などに種々の工夫がなされています。

(3) スクロールコンプレッサ

スクロールコンプレッサは、二つの渦巻き状の部品（スクロール）の相対運動によって連続的に冷媒を圧縮する仕組みです（図16）。固定スクロールの外壁の吸入口から入った蒸気は旋回スクロールの運動（スクロールは「回転」ではなく、「公転」します）によって縮小する圧縮室に閉じ込められて、回転軸中心に移動しながら高圧になり、最終的に中心部の吐出口から排出されます。

ところで、コンプレッサはすべてそうですが、しゅう動部の気密性が性能に大きく影響します。せっかく圧縮した冷媒が逃げてしまっては元も子もありませんので、なんらかの手段で気密性を確保する必要があります。洗濯機のところでシールについて紹介しましたが、コンプレッサでも圧縮気体が漏れないようにすることを、シールするといいます。レシプロコンプレッサのピストンとシリンダ、ロータリーコンプレッサのベーンとローラ、スクロールコンプレッサの二つのスクロールの接触部分にシール性が必要です。また、図を見たときにうっかり忘れがちになりますが、ロータリーコンプレッサのベーンとローラ、スクロールコンプレッサのスクロールのそれぞれの側面と容器の壁とのすき間もシールされる必要があります。

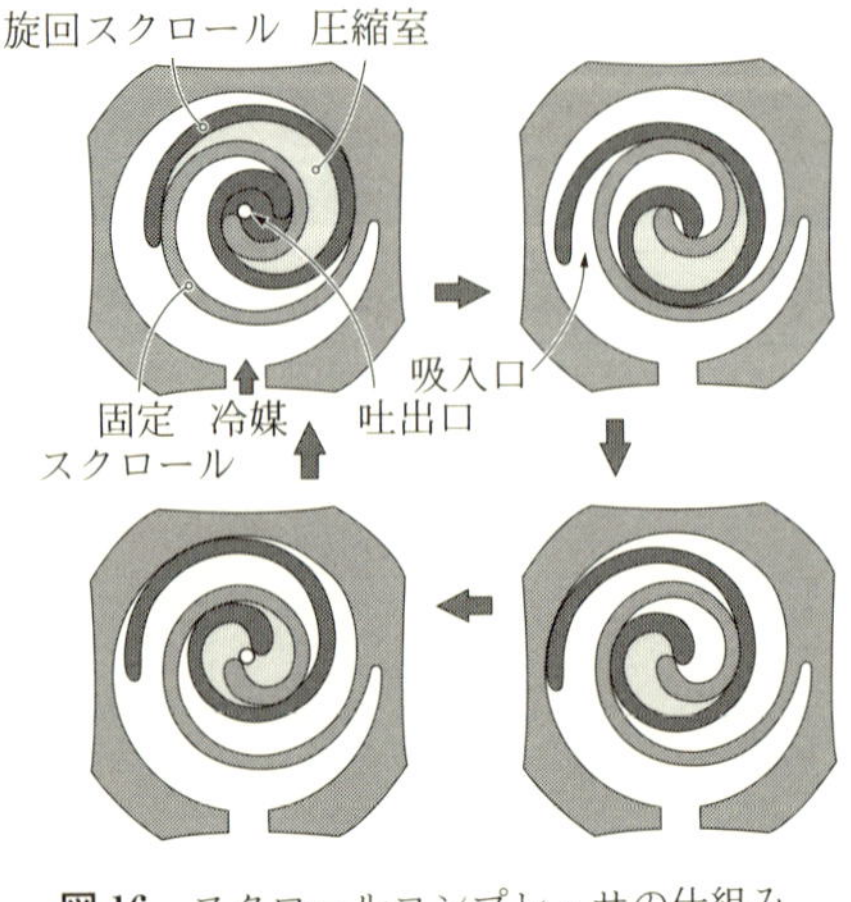

図16 スクロールコンプレッサの仕組み

レシプロコンプレッサやロータリーコンプレッサのシール部分は金属部品どうしの接触となりますので、洗濯機のところで説明したように、そのままでは良好なシール性は望めません。ゴムなどを接触部に使うことは温度などの条件から到底できませんので、通常コンプレッサでは、接触部に作った潤滑油膜で潤滑を行うとともに、シールも行っています。潤滑油膜によって金属部品の表面粗さを埋めることでシールする仕組みです。

さて、スクロールコンプレッサですが、これもロータリーコンプレッサと同様、往復運動がないので振動騒音が小さいコンプレッサです。スクロールどうしには、微小なすき間があって、そのすき間を油膜で埋めて、シールするタイプ（摩耗は問題になりませんので、主流となっているようです）と、接触してシールするタイプがあります。接触するタイプでもスクロールどうしは、一見、ロータリーコンプレッサのベーンとローラの凹面と凸面がはまり合うように滑らかにこすれ合い、ロータリーコンプレッサのベーンとローラのような、高い圧力が発生する集中的な接触をしないので、トライボロジー的には比較的楽なように思われます。しかし、図のスクロールの動き方からわかるように、スクロールどうしの接触点は、スクロールの旋回とともに移動してスクロールのほぼ全面を動きますので、スクロールのほぼ全面がしゅう動にさらされることになり、意外と摩耗が問題になることがあります。

また、スクロールコンプレッサはスクロール自体が複雑な形をしているので、製作にはコンピュータで正確に制御される機械を使う必要があり、形状精度を出すにはコストがかかるのが難点でした。ただ、この二〇年ぐらいの間に、製造装置の性能が非常に高くなってきたため、コスト的には以前よりかなり安くできるようになっているようです。

3　AV／OA機器の中の摩擦と摩耗

パソコンの中にも摩擦があった

ノートブックパソコンを開いてみると……。家電量販店へ行って展示されているノートパソコンをながめたことがあると思います（写真3）。パソコンにはいろんな電子部品が詰まっていて、摩擦が関係なさそうに見えますが、パソコンにも摩擦は大きく関係しています。

まず、最も身近なところから始めます。店頭に展示してあるノートパソコンはすでにディスプレイが開いた状態で展示してあります。そのパソコンを買って帰り、電源を入れてセットアップしようとすると、パソコンのディスプレイを開かなければなりません。そのために、パソコンの横にあるラッチボタンを指でスライドさせてロックを外し、ディスプレイを開きます。

最初のうちは軽く開いていたこのディスプレイも何度も使用しているうちに、段々と重くなってくる場合があります。これは、ディスプレイを本体に固定している蝶番《ちょうつがい》のような部品の摩擦が大きくなってきたためです。蝶番というと、ドアについている蝶番を思い浮かべます。蝶番はドアを壁に固定して、ドアの開閉を行うときにドアを回転させるための部品です。じつはこのドアの蝶番とノートパソコンの蝶番のようなもの（これからはヒンジと呼ぶことにします）は似ていて、まったく異なるものです（写真4）。

ノートパソコンのディスプレイがドアに使われているような蝶番で固定されていたら、ディスプレイを開いて見やすい位置で固定しようとしても、当然、固定できずにディスプレイがバタンと倒れてしまいます。パソコンのヒンジにはディスプレイを見やすい角度で固定するという役割が必要なのです。固定するためには、大きな摩擦力をヒンジ部分で発生させることが必要です。パソコンのヒンジは、ディスプレイを軽く開けたいという要求と、見やすい位置で固定したいという要求の相反する要求を満たす必要があります。

写真3　ノートパソコンの開閉

写真4　ノートパソコンのヒンジ

それでは、必要とされる摩擦力（この場合はディスプレイが回転するときの摩擦力なので、摩擦トルクと呼びます）は、どのくらいでしょう。ディスプレイが自重で倒れないことはもちろんですが、電車の中で使っていて多少の振動があっても動くと困ります。パソコンを捨てて新しいものに買い替えるまでは、摩擦トルクは変化しないほうが望ましいのです。しかし、最近のノートパソコンは薄く軽量化しなければならないので、このヒンジもそれに合わせて小さくする必要があります。そうすると発生させる摩擦トルクも小さくなる傾向になり、ヒンジのサイズと要求される摩擦トルクとを考えながら、この二つの要求を満足するためにヒンジを設計する必要があります。

ヒンジの例を写真4に示します。このヒンジはシャフト（回転する軸）に数枚の円盤を通して、その円盤どうしの摩擦で必要な摩擦トルクを発生させています。そのため、この円盤どうしを強力なバネで押し付け、大きな摩擦トルクを発生させます。必要な性能を出すためには、摩擦板と呼ばれるこの円盤の材質、円盤に一定に圧力をかける構造、摩擦制御のための特殊潤滑剤、部品の精度などのバランスを取ることが重要になってきます。

一見パソコンの中のローテク部分に見えるヒンジですが、パソコンの質感を決める大事な部分でもあります。摩擦を利用して必要な機能を得るために、意外と労力がかかった工夫がなされているのです。

ファンモータの中のトライボロジー

静かな部屋でパソコンやテレビ、DVDレコーダなどの電源を入れると、ブ～ンという音が聞こえてきます。この音は、これらのAV機器の中にある電子回路基板などの発熱を抑えるための冷却用ファンモータの音です。掃除機のところで出てきたファンモータと同じく、ファンを回すためのモータですが、掃除機のようなパワーを要求されない代わりに、静粛性、低振動性が求められます。このファンモータの中にも摩擦・摩耗をコントロールする技術が利用されています。

ファンモータは写真5からわかるように、ファンがモータと一体化しています。モータの回転に必要なものは、回転する軸、軸をスムーズに回転させるための軸受、回転トルクを発生させるための磁石やコイルを用いたトルク発生機構などです。ここで、トライボロジーの技術が役立っているのは、軸をスムーズに回転させるための軸受です。それでは、ファンモータに使われている軸受技術を紹介します。

写真5　ファンモータ

騒音を下げるための動圧軸受

ファンが回転すると振動や音がします。その振動や音のかなりの部分は、軸受が発生源となっています。軸受の代表的なものを図17に示します。図にあるような丸い二重の輪の中に何個かの球が入っていて外側と内側の輪が滑らかに回転するもので、転がり軸受と呼ばれます。モータなどの回転を行うものの中には必ずといっていいほど使われています。

（a）外　観

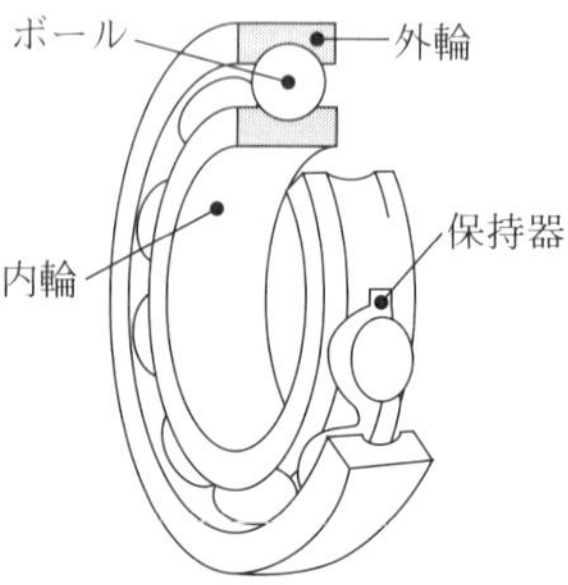

（b）構　造

図17　転がり軸受の外観と構造

ファンモータもこの転がり軸受が使われているものがあります。しかし、転がり軸受は手で持って動かすと滑らかに回転するのですが、それでも高速で回転させると回転による振動や音が少し大きいのです。

そこで、登場したのが滑り軸受の一種である、動圧軸受です。動圧軸受の動圧というのは、動くことによって潤滑油に発生する圧力を利用していることを示しています。圧力を発生させることで回転軸を潤滑油で浮かせて摩擦を下げているのです。ちなみに、あらかじめポンプで圧力を上げた潤滑油を供給して回転軸を浮かせる滑り軸受を、静圧軸受といいます。

動圧軸受の構造の例として、図18にモータの中の動圧軸受の構造を示しました。この動圧軸受の内側のシャフトと外側のスリーブの間にはボールの代わりに液体（動圧油）が入っています。この液体がシャフトとスリーブの間に圧力を発生させて，シャフトを浮かせて滑らかに回転させます。では，圧力の発生原理はどうなっているのでしょう。

狭いすき間に液体が流れている（流れる液体を流体と呼びます）とき，その流体の流れるすき間が先すぼまりに狭くなると，その液体の流れる速さは速くなって圧力も強くなります。したがって，流体が広いすき間から狭いすき間へと流れ込むように面を作れば，圧力が発生することになります。動圧軸受はこの原理を応用しています。

単なる丸棒と丸穴の軸と軸受でも，この動圧は発生します。丸棒が丸穴の中で偏心することで，くさび形の先すぼまりのすき間を作るからです。しかし，ファンモータ用動圧軸受のシャフトやスリーブには，より確実に圧力を発生させるために凹凸が形成されています。その一例を図19に

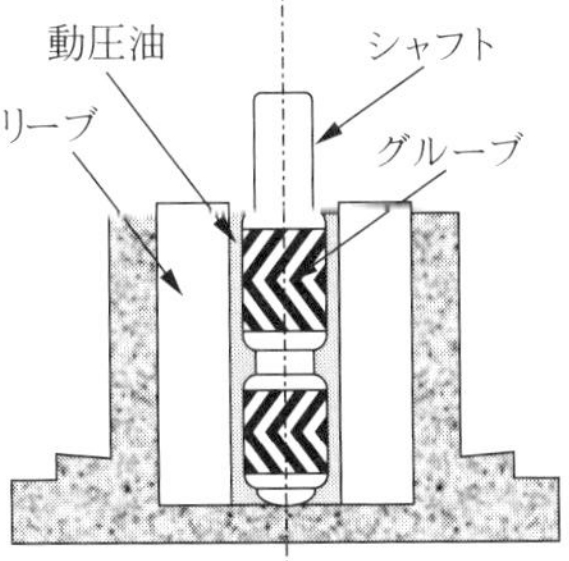

図18　動圧軸受の構造例

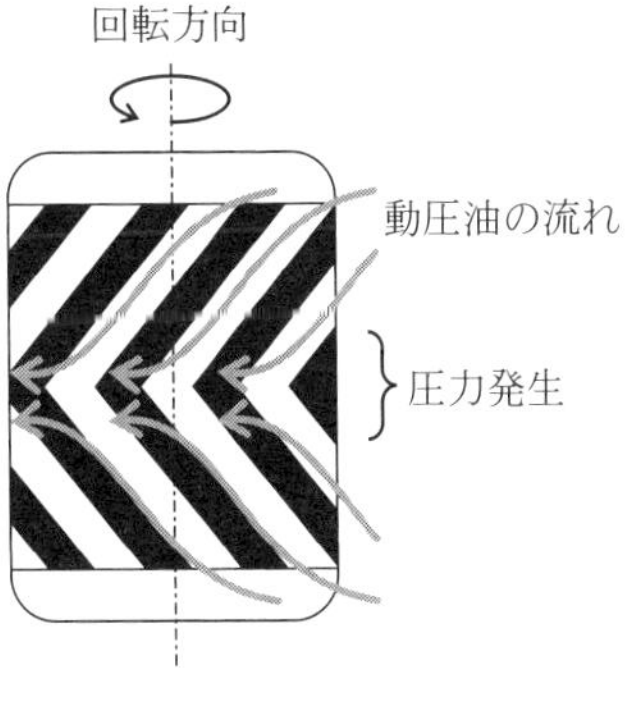

図19　動圧軸受の圧力発生原理

示します。

シャフトが反時計回りに回転すると、シャフトとスリーブの間にある動圧油はシャフトに形成された溝（図の白い部分を溝とします）に流れ込み、行き場のなくなった動圧油は横V字の頂点近傍で圧力が高くなり、スリーブとすき間を押し広げようとします。回転が速くなればその効果が大きくなり、シャフトとスリーブは完全に油で隔てられます。そうすると摩擦は小さくなり、回転も滑らかになり音も静かになります。このシャフトやスリーブに形成された凹凸パターンによって発生する圧力やその分布が変わってくるので、いまではいろいろな凹凸パターンが考えられています。このような動圧軸受は、レーザビームプリンタやハードディスクドライブなどに広く使われています。それでは、次にハードディスクドライブに使われているトライボロジー技術に目を向けてみます。

ハードディスクの中はトライボロジーの宝庫

パソコンの中にはデータを記録したり再生したりするための記憶装置として、ハードディスクドライブ（HDD）が組み込まれています。最近でこそ半導体を利用したソリッドステートドライブ（SSD）に置き換わったものもありますが、依然として記憶装置としての主流を占めています。このHDDには、最先端のトライボロジー技術が使われています。それも10^{-9} m（一ナノメートル（一nm））のスケールの微細な領域で摩擦摩耗を制御するトライボロジー（ナノトライボロジーと呼ばれたりします）の技術が使われています。

写真6に二・五インチ型ＨＤＤの内部を示します。ＨＤＤは、データ書込み用の小さな電磁石と、巨大磁気抵抗素子と呼ばれるデータ読取り用のセンサが搭載された、磁気ヘッドとデータを記録するための磁気ディスクで記録・再生を行います。磁気ディスクはスピンドルモータに固定されており、毎分五四〇〇回転やそれ以上の回転数で回転します。磁気ヘッドは磁気ディスクの表面を浮上しながら移動して、データの記録再生を行います。磁気ヘッドの位置はボイスコイルモータ（ＶＣＭ）と呼ばれる位置決め機構で位置決めされます。

磁気ヘッドと磁気ディスクのすき間は分子の大きさくらい

磁気ヘッドと磁気ディスク、ともに最先端の技術が使われて製品化されているのですが、その話は後で触れるとして、まずは磁気ヘッドと磁気ディスクのすき間に注目してみます。先ほど、磁気ヘッドは磁気ディスクの表面を浮上していると説明しました

写真6　2.5 インチ型 HDD の内部

が、このヘッドとディスクの間のすき間（浮上量）は、この本を書いている二〇一〇年現在で約二nmです。髪の毛の太さが約一〇万nmですから、髪の毛の五万分の一の小ささです。空気中の窒素分子の直径は約〇・四nmですから、窒素分子が五個並ぶくらいのすき間しかないことになります。

なぜこんな極小のすき間が必要かというと、磁気情報を書き込み、また読み取る磁気ヘッドと、書き込まれる磁気ディスクの間の距離が小さいほど、たくさんの情報が記録できるからです。そのため、磁気ヘッドと磁気ディスクのすき間を狭める技術は、HDDの記録容量拡大のための中心技術となります。究極的にはすき間をなくし、両者を接触させるのが一番ですが、摩擦摩耗の問題から実用化が進んでいません。接触しないぎりぎりのところで浮かせる技術が競われています。

ここでもう少し、ヘッドとディスクの距離感をわかってもらえるよう、新幹線と比較してみましょう。東海道新幹線のN700系の車両は一六両編成でおよそ四〇〇mになります。そうすると、磁気ヘッドの大きさと比較して約五〇万倍の大きさです。新幹線が磁気ヘッドのように浮上していると仮定すると、そのすき間は約一㎜となります。また、磁気ディスクは毎分五四〇〇回転や七二〇〇回転、あるいは一万回転の速さで回転しています。その速さを考えると、速いときには毎秒三一mにもなります。これを時速に直すと一一三㎞となり、新幹線の通常運転速度の時速二五〇㎞のおよそ半分の速度です。つまり、新幹線が一㎜のすき間でレールから浮上して、時速一〇〇㎞以上の速度で走っているのと同じということになります。

新幹線の車輪とレールが一mmのすき間でもって時速一〇〇kmで走っているとしたら、どんなことが起こるでしょうか。最初に考えられるのは、ちょっとしたレールの凸凹でレールと車輪がぶつかる危険性です。レールの凸凹だけではなく、ちょっとした地面の起伏でも接触します。HDDの磁気ヘッドと磁気ディスクの関係も同じです。ですから、磁気ディスクの表面は極限まで平坦性を追求し、おそらく工業製品の中ではトップクラスの平坦さとなっています。

例えば、高さと幅が六nmの突起があったとすると、浮上量二nmならばヘッドが衝突してしまいますので、取り除かなければなりません。ところで、大きさ六nmの突起が磁気ディスクの上でどのような存在なのかを感覚的にわかっていただくために、突起の大きさをサッカーボールに例えると、磁気ディスクの面積はアメリカ合衆国と同じくらいになります。このような無限に小さいといえる突起でも、磁気ディスク上に残らないように平坦化する技術が必要になります。

分子が一層並んだ潤滑膜

こんなに平坦な磁気ディスク（写真7）でも、HDDを落としたりするとその衝撃で磁気ヘッドとディスクが接触することがあります。また、空気中の水蒸気や有機ガスがディスク面にくっつくと、磁気ヘッドが安定に浮上しなくなります。

それを防ぐために、磁気ディスクには潤滑油が塗布されています。この潤滑油は磁気ディスク用にさまざまな改良が行われたフッ化炭素を含む化学構造を持っている特殊な材料です。この潤滑剤の値段は、一kgで一〇〇万円から一〇〇〇万円といった非常に高価なものです。金や白金が三〇〇〇円～六〇〇〇円／gに対して、この潤滑剤は一〇〇〇円～一万円／gという価格ですから、その高価さがわかっていただけると思います。

　こんなに高い潤滑剤を使っていたら、磁気ディスクも値段が高くなりそうですが、じつはディスク一枚当りに塗布されている量はほんの少しなので、ディスク一枚当りにすると一円かからない値段です。どんなに少しかというと、この潤滑剤の分子一個をディスクの表面に敷き詰めたぐらいの厚みしか塗布していないのです。

写真7　磁気ディスクの外観

　一般的に使用されている潤滑剤の化学構造と分子モデルを図20に示します。この潤滑剤の分子の大きさは分子量が二〇〇〇程度で、伸ばすと七～八nm程度ですが、実際にはボール状に丸まっており、その直径は約一・七nmです。つまり、磁気ディスク上はこの一・七nmの潤滑剤のボールが敷き詰められた状態なのです。この薄さでも潤滑剤を塗布したディスクと塗布しないディスクでは、摩擦力や水に対するはじき方は全然違ってきます。実際に摩擦力を測定した結果では、潤滑剤を塗布したディスクは塗布していないディスクに比べて、摩擦力で三分の一～四分の一倍になります。

それでは、次にこんなに薄い潤滑膜が、どうして摩擦力や水のはじき方を劇的に変化させるのかを考えてみます。それは、この潤滑剤の分子構造に秘密があります。この潤滑剤の主鎖骨格部分は炭素（C）とフッ素（F）の原子よりできています。そして主鎖の端には水酸基（-OH）の構造があります。主鎖骨格部分のフッ素は表面を非常に安定化して、摩擦力を下げるとともに水のはじきをよくする働きをします。また、端の水酸基の部分は電子密度の不均一性によって、局所的な分極が現れ、その電気的な力でディスク表面にくっつこうとします。そうすると、潤滑剤の分子は図20の下の絵にあるように丸くなって水酸基を下にしてディスク表面にくっつき、潤滑剤の分子がディスク表面にきれいに一列に整列することになります。潤滑剤分子が一列に整列して並んだ表面は、フッ素原子が表面に現れているので、水などを寄せ付けにくく、摩擦力も小さくなるのです。

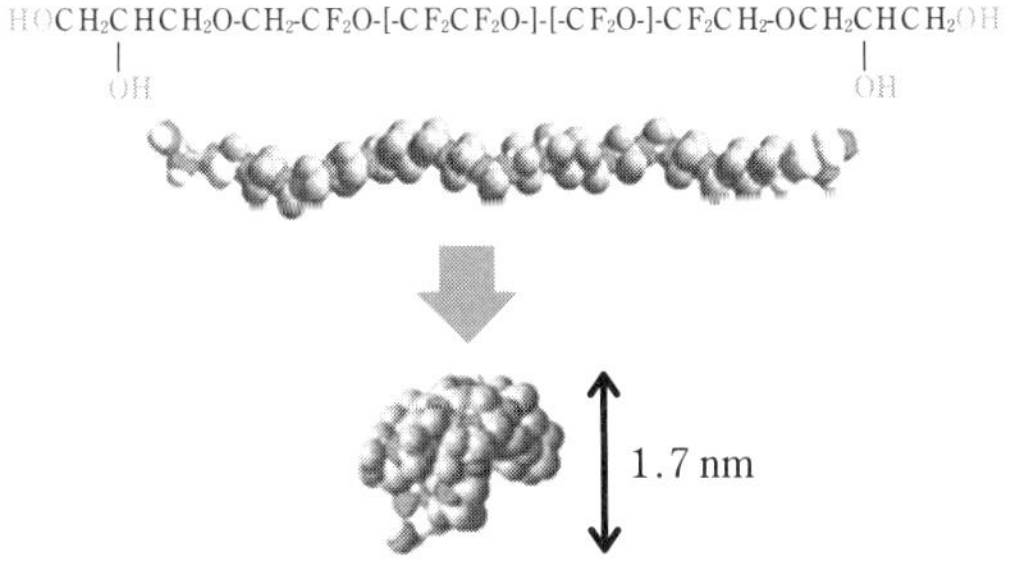

図20　潤滑剤の化学構造と分子モデル

ディスクを保護するカーボン保護膜

磁気ディスクの最表面には前述した潤滑剤が塗布されていますが、その下はカーボン保護膜と呼ばれる極薄膜の保護膜があります。磁気ディスクの断面を電子顕微鏡で観察した写真を写真８に示します。写真を見ると、ガラス基板の上にいろいろな膜が積み重ねられているのがわかります。シード膜や下地膜と呼ばれる膜の上に磁性膜があります。これがデータを記録しておく層です。トライボロジーに関係するのは磁性膜の上にある保護膜と潤滑膜です。

ここでは保護膜について簡単に説明したいと思います。じつはこの保護膜も写真で示した通り、非常に薄い膜で、膜の厚さは約三nm～四nmです。炭素（C）からできているため、この保護膜のことをカーボン保護膜と呼んでいます。このカーボン保護膜の役目は、その下の磁性膜を腐食や磁気ヘッドとの接触から保護することです。そのため、カーボン保護膜はダイヤモンドライクカーボン（DLC：diamond like carbon）と呼ばれるダイヤモンドのように硬いカーボンでできています。世の中で

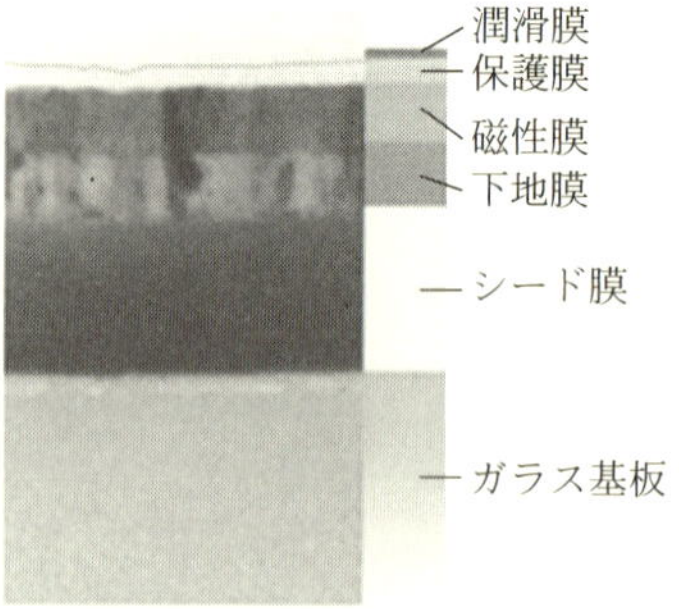

写真８ 磁気ディスクの断面電子顕微鏡写真

もっとも硬いダイヤモンドと、鉛筆の芯に使われている、すでに紹介した固体潤滑剤としてよく使われるグラファイト、どちらも同じカーボンでありながら、その硬さには大きな差があります。なぜ、こんな差が出るかというと、その結晶構造に差があるからです。ダイヤモンドは、sp^3構造と呼ばれる結晶構造なのに対して、グラファイトはsp^2と呼ばれる構造です。

ここでは、結晶構造の詳細についてはお話しませんが、カーボンという材料は不思議な材料で、結晶構造でいろいろな特性を出す材料なのです。そういう意味でＤＬＣはダイヤモンドのsp^3構造と、グラファイトのsp^2構造の二つが混ざったアモルファス（非晶質構造）をしています。アモルファスというのは、きちんとした結晶構造をしていない構造を一般的にそう呼びます。

このＤＬＣのsp^3構造とsp^2構造の比率を変化させたり、保護膜中に窒素や水素を添加することで、いろいろな性質を変えることが可能になります。このＤＬＣと呼ばれる硬質なカーボン膜は工作機械に使われる工具の摩耗低減などにも用いられていますが、磁気ディスクのＤＬＣ保護膜の目的は、摩耗低減だけではありません。磁性膜を保護するためには、①磁性膜が摩耗しないようにすること（耐摩耗性の向上）、②磁性膜が腐食しないようにすること（耐食性の向上）、③潤滑膜が均一にきれいに付着すること（潤滑膜の付着性向上）、といった大きく三つの目的があります。

一番目と二番目の耐摩耗性と耐食性の向上では、数nmの薄い膜でどこまで耐摩耗性・耐食性を上げるか、ということが重要になります。そのため、ＤＬＣを形成する方法を改良し、より密度が高く、ダイヤモンド構造の多く含まれる膜にするかということが大切です。

ＤＬＣ膜は、スパッタ法や化学気相蒸着（ＣＶＤ）法、フィルタ型カソーディック真空アーク成膜（ＦＣＶＡ）法といった方法で作成されます。それぞれの方法の詳細については、本書では述べませんが、時代の流れとともに、より高密度に、より硬く、より薄く、といった掛け声とともにＤＬＣ膜の作り方も進歩してきました。二〇数年前は四〇nmや五〇nmであったカーボン保護膜が、いまや三nmや四nmになっており、その進歩は素晴らしいものです。

保護膜の三番目の目的である〝潤滑膜が均一に塗布できる〟ということも重要です。潤滑剤分子は前述したように、分子構造の端にある水酸基がＤＬＣ表面に強くついたほうが均一に塗布できると考えられています。そこで、ＤＬＣ保護膜の表面をもっと潤滑剤分子がくっつきやすい表面にしようとする考えから、ＤＬＣ保護膜表面や保護膜の膜中に窒素を含有させることが行われています。

潤滑剤分子の水酸基部分が、ＤＬＣ保護膜表面のカーボン原子と化学結合したもの（正確には化学吸着と呼ばれています）もありますが、化学結合ではないもの、例えば電気的な力（クーロン力）や分子間力（ファンデルワールス力）といった物理的な力で付着したもの（これを物理吸着と呼びます）もあります。付着の強さは、化学結合＞クーロン力＞ファンデルワールス力となるのが一般的です。ここで、潤滑剤分子の水酸基の部分だけを見ると、電気的に中性ではなく、水素部分がプラス、酸素部分がマイナスに少し分極しているため、DLC表面に同じように分極した構造（例えば、$-OH^-$、$-NH_2$などの官能基）があれば、その部分とクーロン力を介して物理吸着するようになります。

そこで、DLC保護膜を形成するときに、窒素を添加することで保護膜表面に窒素化官能基を作り、潤滑膜が均一に強く付着するような工夫をしています。窒素を添加する場合も、窒素の量をいくらにするか、DLCの膜の中と表面の窒素濃度は同じでいいのか、といった難しい問題があり、窒素の添加量を変化させたサンプルをたくさん試作して評価を行い、試行錯誤的に決められているのが実情のようです。

空気の流れで浮上する磁気ヘッド

磁気ヘッドが、数nmのすき間で浮上していることは、先に述べました。それでは、磁気ヘッドを微小なすき間で浮上させている技術はどのようなものなのでしょう。写真9が、HDDに組み込まれている磁気ヘッドの写真です。実際に磁気ディスク上で浮上している部分は金属の板ばねの先に取り付けられている（写真では左端）、一㎜にも満たない黒い長方形の部分です。一円玉の直径が二〇㎜ですから、比べると非常に小さいことがわかると思います。

この磁気ヘッドが浮上する原理の模式図を図21に示します。磁気ヘッドスライダは板ばねを用いて数グラムの荷重で磁気ディスクに押し付けられています。磁気ディスクが回転するとそれに伴って空気の流れが発生します。その空気流がヘッドスライダとディスクの間に流れ込みヘッドスライダを上方へ押し上げようとする圧力が発生します。この圧力により磁気ヘッドスライダは浮上するのです。つまり、潤滑油の代わりに空気を使った動圧滑り軸受になっています。

このときに磁気ヘッドスライダの後方側についている、記録再生を行う磁気ヘッド素子とディス

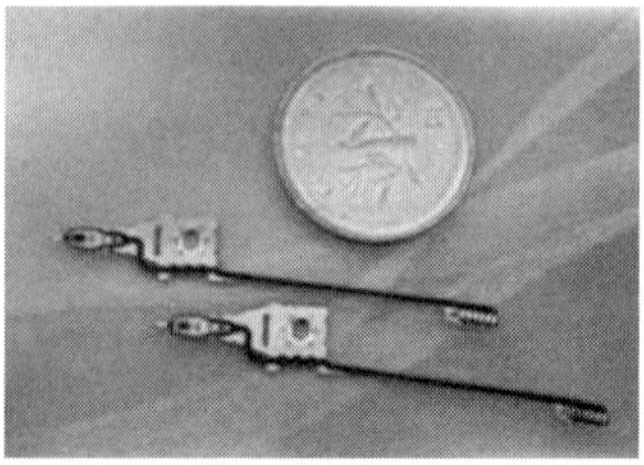

写真 9　磁気ヘッドの例

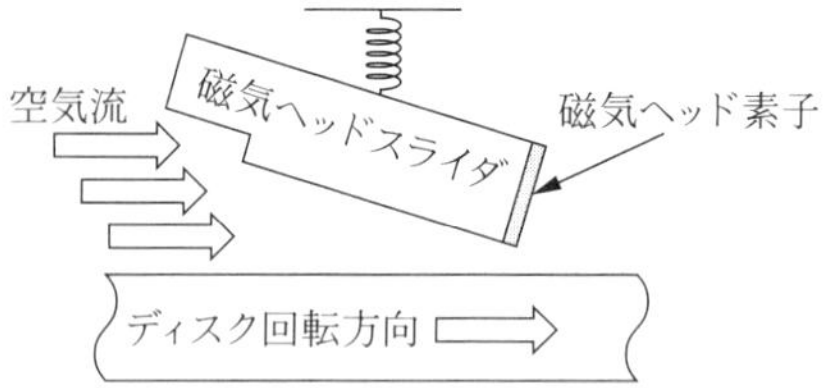

図 21　磁気ヘッドスライダの浮上原理

図 22　スライダの浮上面

クとのすき間が約一〇nmというすき間になるように、ヘッドスライダの浮上面（スライダのディスク面に対向する面）の形状を設計しているのです。一例として図22にスライダの浮上面を示します。浮上面には凹凸が形成されており、その凹凸の段差で圧力を発生させて浮上しています。さらに磁気ヘッドには、磁気ヘッド素子の部分とディスクとのすき間を数nmにまで小さくする技術が隠されています。

熱膨張を利用した浮上量コントロール

磁気ヘッド素子の近くには図23に示すように、数百μmの大きさのマイクロヒータが埋め込まれています。そのヒータに電流を流すと、発熱によりヘッド素子の近くは高温になるため熱膨張して、ディスク側へ突出します。そこで、マイクロヒータに流す電流をコントロールしてやると、その突出量を変化させることが可能なのです。このマイクロヒータを使って浮上量をコントロールする技術をダイナミックフライングハイト（DFH）コントロールと呼んで、今では多くのHDDで使用されている技術になっています。このDFHコントロール技術で一本一本の磁気ヘッドの浮上量を正確に

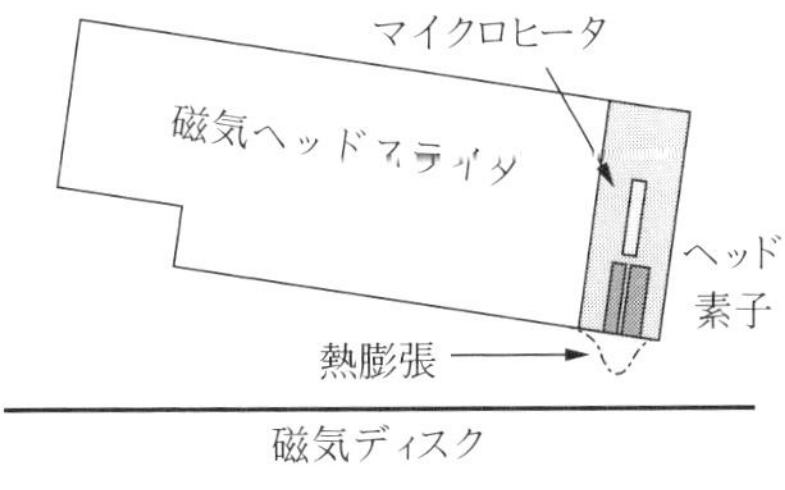

図23　マイクロヒータによるDFHコントロール技術

○・一nmレベルの精度でコントロールすることが可能なのです。

磁気ディスクを回転させるスピンドルモータ

磁気ディスクを回転させているスピンドルモータにも、先に出てきた動圧軸受が使用されています。それもそのはずで、ＨＤＤではファンモータにもまして高速回転と低回転振動、静音性などが要求されているからです。構造的には、ファンモータの動圧軸受と原理は同じですが、動圧を発生させるための溝形状や潤滑油を軸受の部分に閉じ込めるシール技術など、ファンモータより注意深く設計されています。

例えば、潤滑油が軸受の外に微量でも飛び散ると、その飛び散った油はディスク面に付着して、磁気ヘッドの浮上を邪魔してしまいます。そのため、ラビリンス（迷路）構造と呼ばれる狭い折れ曲がったすき間で潤滑油の漏れ出しを防ぐシール構造を取り入れています。このように、ＨＤＤの中はトライボロジーの宝庫です。いろいろな最先端のナノテクノロジーが使われており、それがますます進化していくのです。また、この進化がなければＨＤＤの大容量化が進まないのです。

液晶ディスプレイにも摩擦？

液晶テレビや携帯電話、パソコンの液晶画面にも摩擦が関係していると聞いてもピンときません。じつは、液晶画面には大きく摩擦が関係しています。最近ではタッチパネル式の携帯電話や情報媒体が普及しつつあります。パソコンの世界でもWindows7の普及により画面に直接タッチして操作することができます。

この画面に触って操作するタッチパネルと呼ばれる画面に、摩擦が関係します。また、液晶画面には、液晶という電場を印加すると向きがそろう（配向）という性質を持つ分子からなる液体を用いているため液晶パネルと呼ばれているのですが、この液晶の配向に摩擦が大きく関係しているのです。それでは、もう少し詳しく見ていきます。

摩擦で液晶分子の向きをそろえる

まず、液晶ディスプレイの構造を図24で簡単に説明します。液晶ディスプレイは光を発生させるバックライトユニットと、その光を透過させるか遮断するかを制御する液晶セルユニットからなっています。図を見てわかるように、その構造は何層にもなっており複雑です。

液晶と呼ばれる、電場を印加すると配向する材料は、液晶セルユニットの真ん中に配置されており、その上下に配向膜、透明電極があります。この透明電極に電場を印加すると、液晶分子は電場の向きにならって配向するのです。その上下にはガラス板があり、さらにその上下を偏光板が覆っています。バックライトユニットは光を発生する発光素子の下に反射板が、上には光拡散シート、その上にはプリズムシートと呼ばれるシートが接着されています。液晶ディスプレイでは液晶の配向を電気的に制御して、バックライトを透過させるかどうかで画面を表示するのです。そのため、画面を均一にむらなく表示するには、液晶分子を最初均一な方向に配向させておく必要があります。

液晶を配向させる方法として、斜法蒸着法、ラビング法（基板を布で一方向にこする）、光配向法などの技術がありますが、ラビング法が簡便で大量生産に優れていることから、一般的に使われています。液晶ディスプレイは年々大型化しており、大型画面の液晶面を均一に配向させるのは難しく、ラビングむらが生産品質・歩留まりに直結します。こ

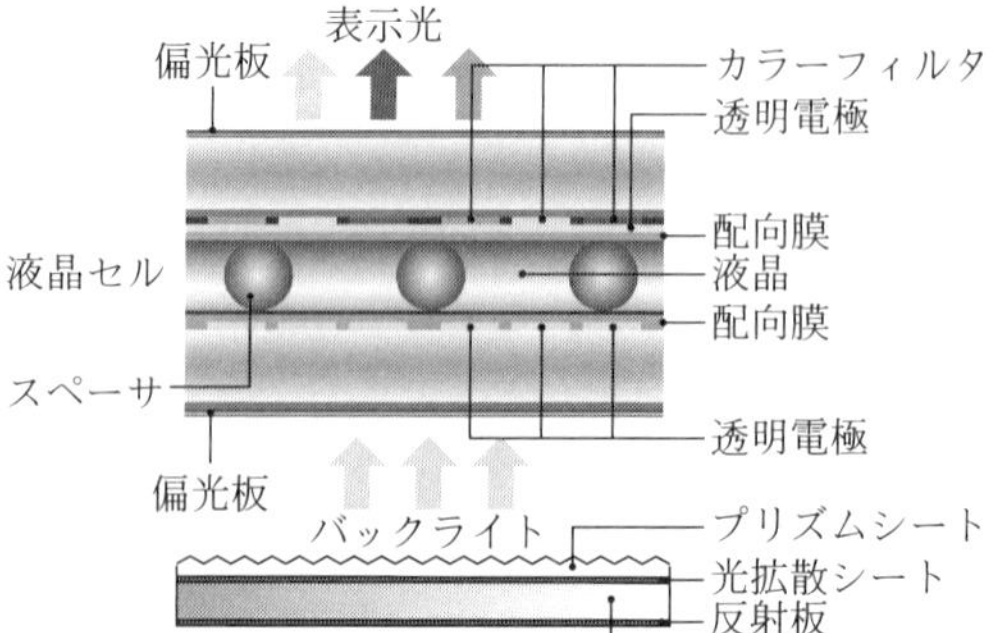

図 24　液晶ディスプレイの断面構造

のように、ラビング法による液晶の配向は、ラビング時の液晶面と布との摩擦を制御していかに均一にこするか（摩擦するか）が重要なのです。

ラビング法の不思議

液晶を配向させるための配向膜は、ポリイミドと呼ばれる材料が使用されます。基板上にこのポリイミド＋液晶膜を八〇〜一五〇nmの厚さで形成した後にラビングを行うと、このポリイミド膜上の液晶分子がラビングした方向へ配向するのです。ラビングには写真10に示したラビング布が使用されます。

この配向がなぜ起こるのか？　という問題は、いまだにすべて解明されてはいませんが、ラビングすることで配向膜表面に微細な凹凸が一方向に形成されて、液晶分子が配向するという考え方や、配向膜表面がラビングにより引き延ばされて配向膜基板と液晶分子とのファンデルワールス相互作用により配向するという考え方がありますが。実際には、こういった機構が複雑に関連していると考えられます。

実際にラビングを行った後の配向膜の表面形状を測定すると、配

写真 10　ラビング布の電子顕微鏡写真

向膜には一nm程度の凹凸の溝が摩擦した方向へ形成されています。このような摩擦による配向制御は、ラビング布の繊維の固さや形状、ラビング布を押しつける荷重、あるいは摩擦速度などに大きく依存することから、まさしくトライボロジーが関係する古くて新しい領域だといえるでしょう。

タッチパネルもトライボロジー技術の宝庫

前述したように、携帯電話やパソコン、携帯ゲーム機、あるいはカーナビ、駅の切符券売機など、さまざまなところでタッチパネルが使用されています。今後も自動販売機や電子書籍などその用途は拡大していくものと考えられます。このタッチパネルは指であるいはタッチパネル用ペンでパネル表面を押したりこすったりします。まさしくトライボロジーが関係する領域です。ここでは、タッチパネルにおけるトライボロジーについて取り上げたいと思います。

タッチパネルは液晶画面の上にあってタッチした部分の座標を読み取るパネルです。その構造は抵抗膜式や静電容量式などがあり、それぞれの特徴があります。抵抗膜式は原理が簡単で入力方式（例えば、指でもペンでも可能）を選ばないことや比較的安価なことから、携帯やパソコンに使用されています。しかし、この方式は耐久性が劣り、不特定多数の人が操作するタッチパネルには向いていません。静電容量式は価格が高くなることから、用途が限られてきます。

タッチパネルのトライボロジーの説明の前に、タッチパネルの構造を述べておきます。図25に抵抗膜式タッチパネルの構造概略図を示します。何層もの材料が積層された構造になっていることがわかると思います。まず，ガラスまたはPC（ポリカーボネート）の支持板の上に粘着剤でITO（インジウム－スズ酸化物）透明導電膜を成膜した下部電極板（PET材あるいはガラス）を重ね，その上にドットスペーサと呼ばれる上部のITO透明導電膜との接触を限定する構造を作ります。その上に上部ITO導電膜，上部電極板，カバーガラスと続きます。上部のカバーガラスがなく，その下の上部電極板で兼用する場合もあります。その上にハードコート，反射防止コート，防汚コートといった膜が形成されます。液晶パネルからの光は図の下方から上方へ透過します。

　この図をながめていると，タッチパネルに必要なことが見えてきます。それは，液晶パネルから

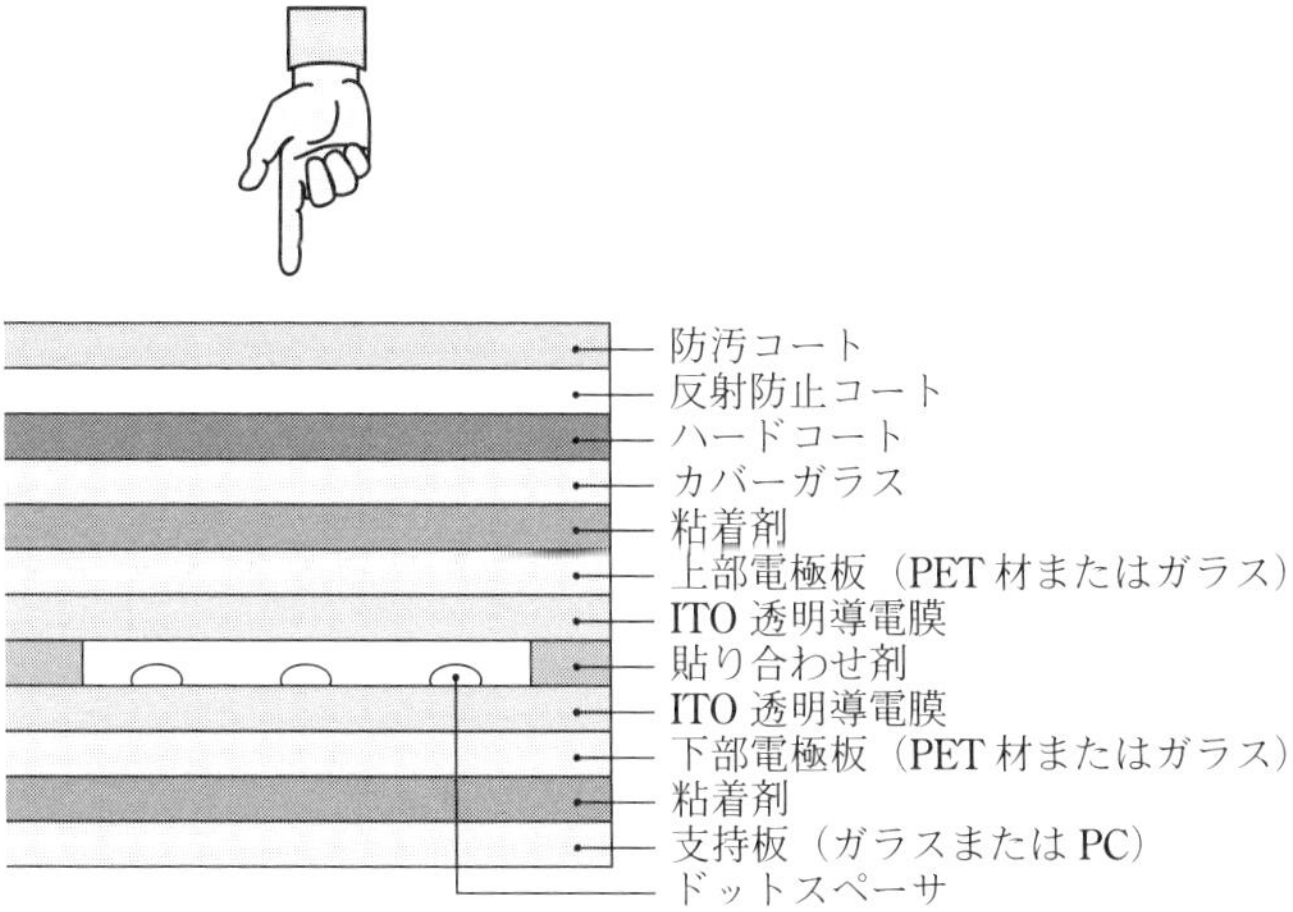

図 25　タッチパネルの断面構造概略図

の光の透過量がよく、使用によってその透過量が変化しないことと、透過した光の視認性がよいことです。どういう場合に光の透過量が変化するかを考えてみると、タッチパネルの表面が傷つく場合、指紋やごみなどが付着する場合などが考えられます。また、視認性が悪くなるのは、まわりの光でパネル面が反射して画面が見えにくくなることです。このようなことを考慮して、タッチパネルが傷つかないようにハードコート層を、光の反射を少なくするために反射防止コート層を、指紋などの汚れを少なくするために防汚コート層を、それぞれ設けているのです。

薄くて強いハードコート層

ペットボトルの材料として知られているPET（ポリエチレンテレフタレート）のような高分子材料は、軽量で加工性がよく柔軟であるためタッチパネルの上部電極板によく使用されます。しかし、軟らかいために傷がつきやすいのが欠点です。例えば、タッチペンで強く何回もこすったり、ほこりやごみが付着したまま表面をこすったりすると傷がついたりします。携帯電話のように持ち歩くものは落として傷がつく場合もあります。傷がついて表面に凹凸が形成されると、光の透過率が小さくなり、またその部分で乱反射するため画面の視認性が低下します。そこで、薄くて傷つきにくいハードコート層が必要となるわけです。

ハードコート層は、コロイダルシリカと呼ばれる粒子径が一〇～数十nmの酸化ケイ素（SiO_2）を含んだコーティング剤をPETフィルム表面に塗布して熱や紫外線によって固め、図26のようにPETフィルムの上にシリカ粒子を含んだ樹脂層から構成されます。シリカ粒子が傷つきを抑え、そのまわりの樹脂がシリカ粒子の脱落を防ぐ役割をしています。シリカ粒子の量を増やすと、そのぶん耐傷つき性はよくなりますが、逆にシリカ粒子が光の透過を遮断するため透過率が低下します。

また、紫外線で硬化させるタイプのコーティング剤では長時間太陽光などにさらされると、紫外線による硬化がさらに促進され硬化しすぎ、割れの発生などが起こります。そこで、より耐傷つき性が高く、薄く、光透過性の優れたハードコート層の開発が今も続けられています。

ちなみに、ハードコート層の耐傷つき性の評価は、身近な材料を使って行われることがあります。例えば鉛筆硬度試験やスチールウール試験です。鉛筆硬度試験は、硬さの異なる鉛筆を一定荷重でハードコート層表面に押し付け、傷がつくかどうかを調べます。結果は、鉛筆硬度（例えば、3Hとか6H）で表します。

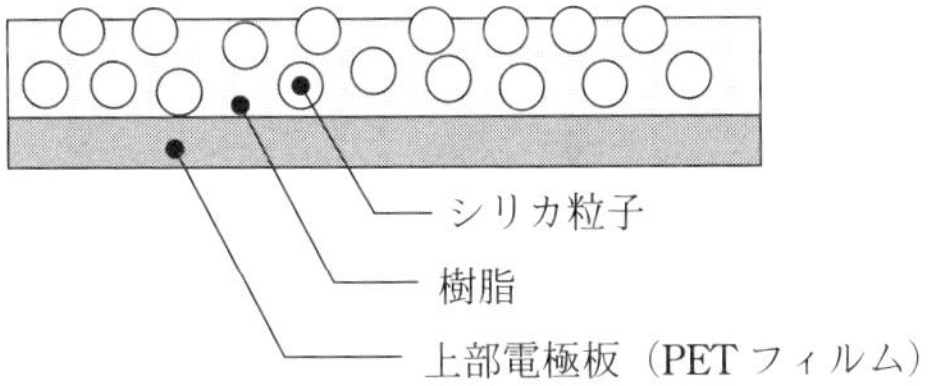

図26　ハードコート層の構造

指紋付着を防ぐ防汚コート層

指紋や汚れの付着しにくい表面を作り出す防汚コート層は，ハードコート層の上に別工程で形成したり，ハードコート層そのものに防汚性を付与したりして形成します。

指紋は微小な油滴や角質からできており，それが付着することで光散乱が起こるため，付着した指紋が写真11のように白く浮き出して見えます。また，指紋をふき取る際にきれいにふき取れる場合と，ふき取りにくい場合があります。つまり，指紋が付着しにくい，あるいは付着しても目立たない表面で，さらに付着してもふき取りやすい表面を作る必要があります。

それでは，指紋が付着しにくい表面とはどんな表面でしょう。それは，指紋の油滴をはじく表面，すなわち撥油性表面にすればいいのです。逆に指紋が付着しても目立たない表面は，指紋の油滴が濡れ拡がる表面です。すなわち，親油性表面にすればいいのです。それでは，指紋をふき取りやすい表面はどんな表面でしょう。これは，指紋の油滴が表面に濡れ拡がらずにはじきやすい表面，撥油性表面だと考えることができます。そこで，二つの考え

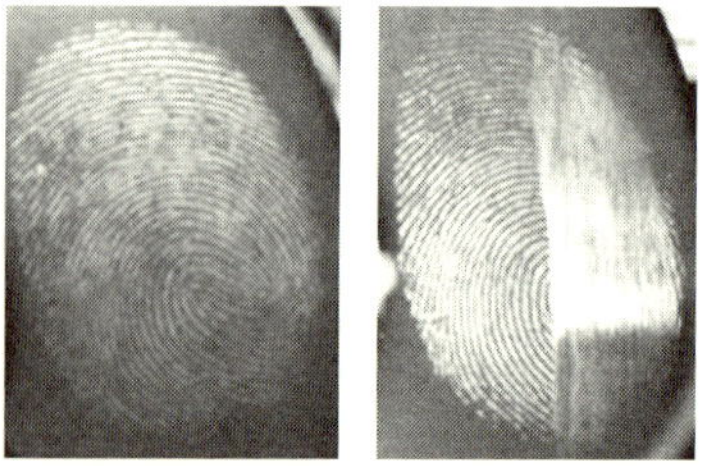

（a）指紋の付着　（b）指紋のふき取り

写真 11　指紋の付着とふき取り

方、①指紋をつきにくくして、ふき取りやすい、撥油性表面を形成する、②指紋をついても目立たなくして、ふき取りやすい親油／撥油バランスを取った表面を形成する、が出てきます。いろいろな企業で防汚コートの研究開発が行われていますが、会社によってその方針は異なっているようです。

それでは、撥油性表面はどうやって作るのでしょう。はじきのいい表面は表面エネルギーが低く安定な表面だということです。そこで一般的には表面をフッ素表面にすることが行われています。磁気ディスクの表面にも、パーフルオロポリエーテルと呼ばれるフッ素系潤滑剤が塗布されていることを述べましたが、防汚コートにもフッ素系のコーティング剤が使われているのです。

図27にフッ化アルコキシシランカップリング剤を用いた撥油性表面の形成方法を示します。このシランカップリング剤は自己組織化単分子膜（SAM）としてよく知られており、シランを含んだ金属アルコキシド部が空気中の水によって加水分解

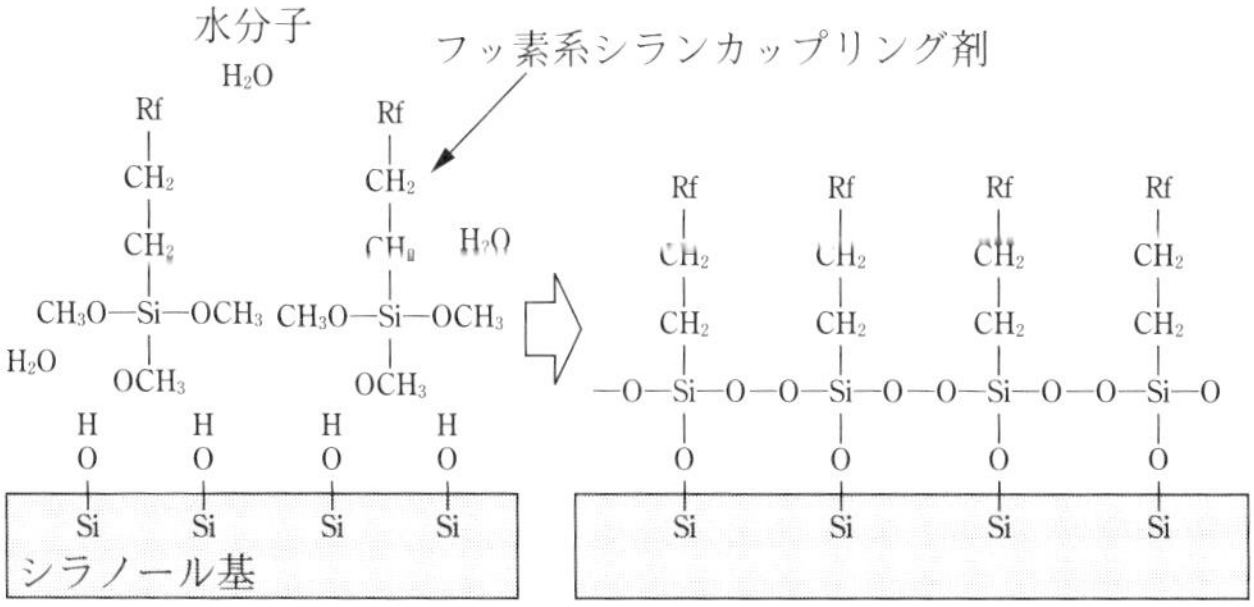

図27　自己組織化単分子膜（SAM）による防汚コート層の形

し、その後、脱水、脱アルコール反応によってフィルム表面のシラノール基と反応して固定化するとともに、重縮合反応が起きておたがいにネットワークを形成し、表面に強固に付着します。主鎖Ｒｆの部分は直鎖のフッ素炭化物あるいはパーフルオロポリエーテルと呼ばれるフッ素炭化物が一般的です。フッ素が表面にあると非常に低表面エネルギーになり水や油をよくはじくようになります。このようにして、撥油性を付与した防汚コート層が作成されます。

一方、親油性を付与した防汚コートは、表面に微細な凹凸（透過率が低下しない程度の）を形成する方法や、界面活性剤を添加する、あるいは親油性官能基を有する樹脂を添加するなどの方法があります。微細な凹凸を形成すると、指紋の油滴が表面に分散することで乱反射が起こりにくくなり、また、界面活性剤や親油性官能基は油滴を濡れ拡がらすため、乱反射が起こりにくくなります。この場合は界面活性剤や親油性官能基の割合で指紋のふき取り性が変化するため、その量を見きわめることが重要となります。

ほこりが付着しにくいタッチパネル

タッチパネルや液晶ディスプレイ画面には、ＰＥＴフィルムやガラスが使用されています。これらの材料は絶縁性が高いため、帯電しやすく静電気によって空気中のほこりが引き寄せられて付着しやすくなります。そのため、ほこり付着防止についてもさまざまな対策が考えられています。帯電を防止する方法として一般的な技術は，絶縁体から電荷を逃がす働きをする物質（導電剤）を，①表面に塗布する，②絶縁体に練りこむ，の二つがあります。ここでは，②の絶縁体に練りこむ方法について少し説明します。

例えば，プラスチックに練りこむ導電剤としては，低分子型帯電防止剤，導電性フィラー（埋め込むもの），高分子型帯電防止剤などが考えられます。低分子型帯電防止剤は，親水基と疎水基を分子内に持つ界面活性剤でプラスチックに混合して成型した後に，徐々に表面に移動します。表面に出た界面活性剤の親水基は空気中の水分を吸着して，帯電した電荷を逃がします。非常に簡単に作成できますが，水洗いや，布拭きで簡単に取れてしまい，湿度の影響が大きい（低湿度では効果が少ない），接着性が低下する場合があるなどの問題があり，そのままでは使用できないことがあります。

導電性フィラーとしては，電気伝導性のよい金属粒子，カーボンブラック，カーボンナノチューブなどが使用され，これらの微細な粒子を練りこむことで樹脂中に電荷を逃がす導電パスが形成されて，帯電を起こさないようになります。しかし，この場合も導電性フィラーが多いと，透過性が低下するなどの問題があり，バランスを取るのが難しいようです。高分子帯電防止剤は，導電性ポリマーと呼ばれるものや，イオン導電性ポリマーがあります。今後，タッチパネルの使用が拡大するにつれて，このような帯電防止技術はますます重要になってくると考えられます。

紙送りの秘密――プリンタ・ファックス・ATM

紙送りといってもすぐには理解しがたいかもしれません。私たちのまわりには、紙を扱っている機械がたくさんあります。例えば、プリンタやファックス、コピー機、街に出ると銀行のATM（紙幣も紙の一種です）、あるいは電車に乗ろうとすると、切符の券売機や自動改札機など、紙を扱う機械がたくさんあります。これらの機械の中で、紙を搬送する機構を紙送り機構と呼んでいます。

多くの紙送り機構では、紙とゴムローラとの接触に伴う摩擦を利用して紙を送っています。ゴムという変形しやすいものを、薄い紙に押し付けたときの摩擦を利用して数十μmオーダの精度で紙送りを行っていることは注目に値します。じつは、紙送りはウェブハンドリングとも呼ばれ、前節までに述べてきたフィルムのような材料の生産過程におけるハンドリング、新聞や雑誌の印刷過程におけるハンドリングなど産業的にも重要な技術なのです。ここでは、プリンタやファックス、ATMにおける紙送りを例にとって解説します。

写真12にレーザビームプリンタの外観とその内部を示します。内部には紙を搬送するための多くのローラが配置されていることがわかると思います。まず、紙は自動給紙ユニットの給紙ローラで

供給されます。その後、搬送ローラで送られて印刷された後に、排紙ローラで排紙されます。こう考えると、紙送り機構の構成は、紙を取り出すピックアップ部と、紙を搬送し印刷などを処理する処理部、そして排出・集積する集積部よりなっていると見なせます。

ピックアップ部では一枚一枚確実に取り出すことが必要です。そのために、紙とローラ間の摩擦力をもとに、紙の枚数を見きわめて一枚ずつ取り出すのです。もう少し詳しくその機構を解説します。

図28にコピー・プリンタ複合機の紙ピックアップ部を示します。カセットにある紙は押し上げら

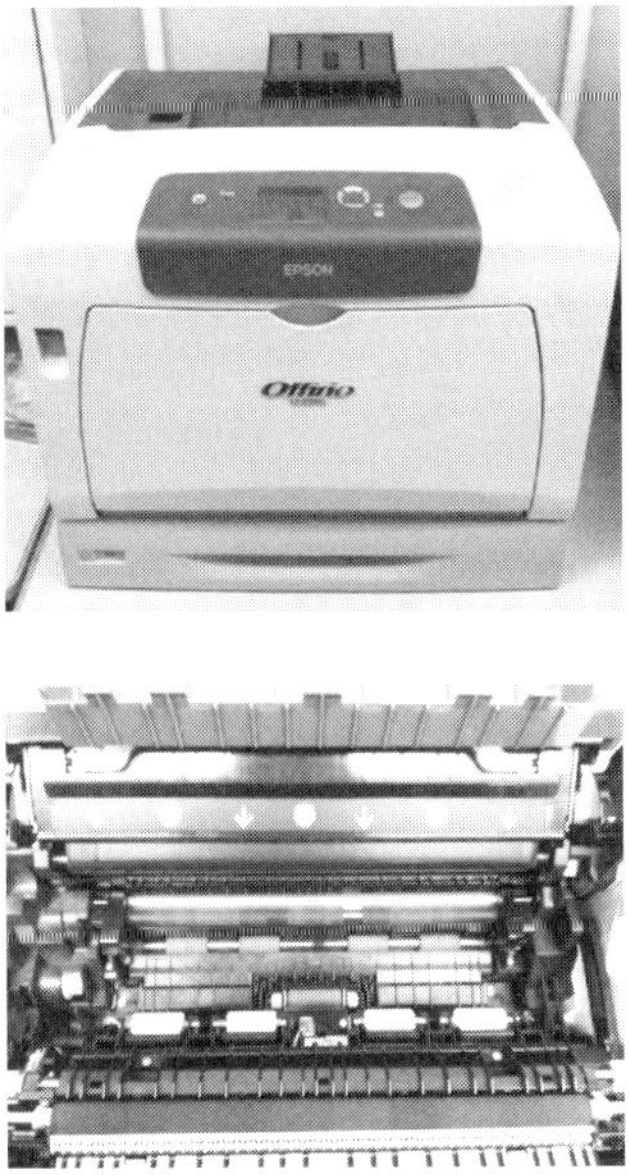

写真12　レーザビームプリンタの内部

れてピックアップローラと接触します。ピックアップローラが回転することで、紙は摩擦により給紙ローラと分離ローラへ運ばれます。分離ローラはトルクリミッタ（設定したトルク以上になると空転する機構）と接続されており、二枚以上の紙がピックアップされた場合には回転を停止しま

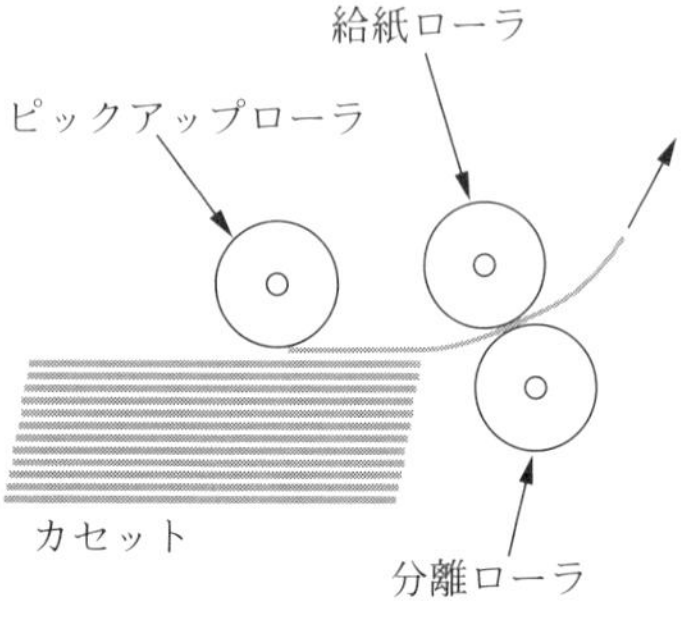

図 28　紙ピックアップ部

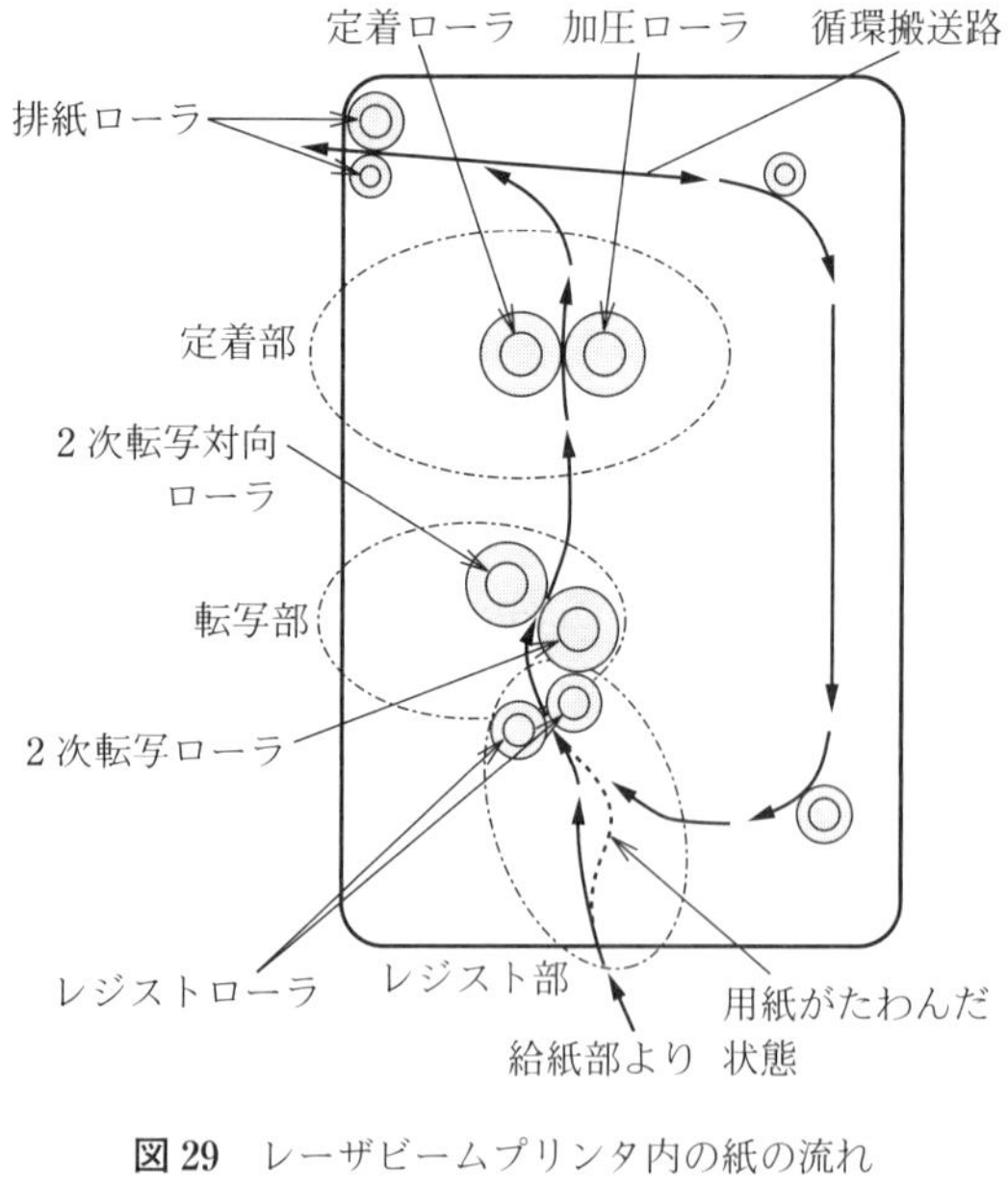

図 29　レーザビームプリンタ内の紙の流れ

す。すると下の紙は分離ローラとの摩擦で止まりますが，給紙ローラは休まず回転しているので，給紙ローラによって上の一枚の紙のみが傾きを補正するレジスト部へ搬送されます。レジスト部で傾きを補正された紙は，転写部でトナー画像を転写した後，定着部でトナーを熱と圧力により定着した後に排出されます。両面印刷の場合には，トナーを定着させた後に循環搬送路を搬送されて裏面へ印刷されます。この流れを図29に示します。

レジスト部ではレジストローラに紙をつきあて弛ませることでレジストローラと水平になるように傾きを調整して，トナー画像に合うように紙を転写部へ送り込みます。転写部では，二次転写ローラと二次転写対抗ローラで転写ベルト上にあるトナー画像を紙に転写します。この際，ローラの接点部より少し前から転写ローラに紙が接触していないとトナーがうまく転写できないことから，紙の搬送経路に沿って少したわませています。さらに転写部を通過した紙は，定着部の定着ローラと加圧ローラの間を通り，トナーが紙上に定着されます。その後，排出ローラにより排出されます。このように紙送りを行うために何個ものローラにより紙を搬送するのです。

ローラと紙との摩擦をコントロールするには

ここで，紙とローラとの摩擦について考えてみます。ローラが一定回転数で回転しているとき，紙をある圧力でローラに押し付けたとします。そのとき，紙は摩擦力でローラの回転方向へ押し出されるわけですが、ローラの回転した周の長さと、実際に紙が押し出された距離は異なります。なぜかというと、紙とローラの表面ですべり（スリップ）が起きて、ローラの回転に完全に追従していないのです。このようなスリップが発生すると、紙の速度が変化することになり、後から送られてきた紙との干渉が起こります。

スリップが発生する原因として、たくさんの紙を処理することでローラ表面が摩耗して摩擦力が変化するといったことが考えられます。図30にコピー機に用いられている分離ローラの耐摩耗性を測定した例を示します。横軸が処理した紙の枚数で、縦軸はローラの直径が変化した量を示しています。例えば、材料によっては一〇万枚（一〇〇K枚）処理したローラは〇・八㎜もの摩耗が発生していることがわかります。このようなことからローラに用いられるゴム材料の最適化や、形状、押し付け荷重などの最適化が必要であると考えられます。

ローラと紙との間で起こるスリップ現象の中で、ひどい場合には完全にローラが空転してまったく紙が送れなくなることもあります。その原因は、紙もローラも比較的軟らかい材

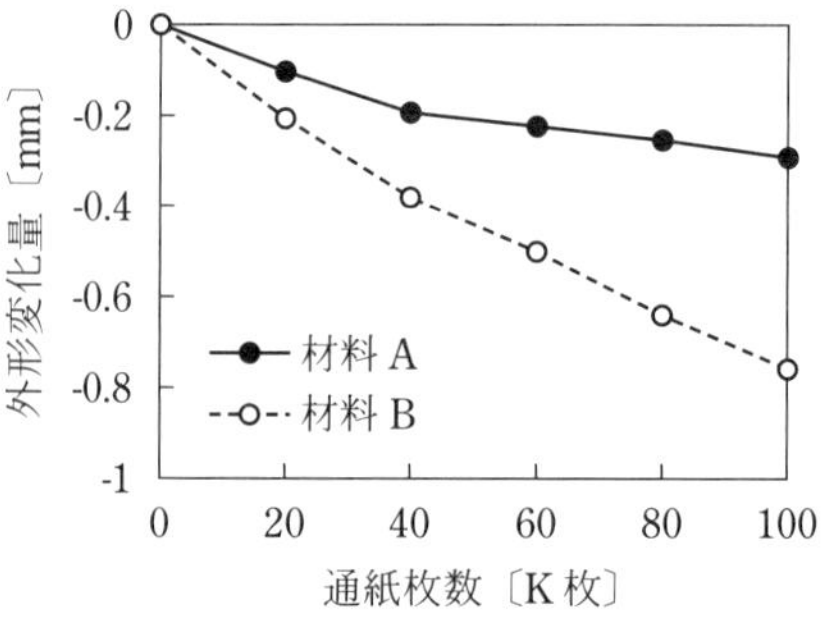

図 30　分離ローラの耐摩耗性

料でできていることにあります。ハードディスクの項で少し触れましたが，磁気ヘッドは磁気ディスク上を空気の流れにより浮上しているという話をしました。じつは紙送りでも，空気の流れがローラの空転を引き起こしえるのです。

ローラが高速で回転すると，ローラに引きずられて紙とローラとの間には空気が流れ込みます。この空気の流れは，ローラと紙との間のくさび状に狭くなっていく空間で圧縮されて，圧力が高くなります。紙やローラが金属のように硬いと，紙とローラの間の押しつけ力を適当な強さにすれば，この高圧空気がローラを押し上げて，紙とローラを空気膜で隔ててしまうことにはなりませんが，実際の紙やローラは軟らかいため，その高圧力によって表面がへこむように変形し，ローラと紙との間に空気膜を作りやすくなります。こうなると空気膜の摩擦は非常に小さいため，紙を送ることができず，ローラが空転します。

流れ込む空気はローラの回転速度が大きいほど多くなるため，空気膜ができやすくなります。つまり，処理速度を上げようと紙の搬送速度を上げると，ローラが空転する可能性が高まり，紙送りがストップしてしまうというジレンマに至ります。

ＡＴＭ（現金自動預け払い機）の中の紙送り

ＡＴＭの中での紙幣の紙送りについても，ここで少し触れておきます。ＡＴＭでお金を引き出すときに、紙幣の枚数が増えている場合はともかく、減っていると絶対に銀行に苦情をいうはずです。ATMでは、紙幣の数え間違いは許されません。ある面でプリンタよりさらに厳しい紙送りの正確さが要求されます。紙幣の紙送りのほかにも、ATMにはキャッシュカードの裏の磁気テープと磁気ヘッドとの摩耗、あるいは銀行通帳のページ送りと印字などさまざまな機能がトライボロジーと関係しています。

ATMの中にもプリンタと同じようにさまざまなローラが組み込まれており、そのローラによって紙幣送りがなされます。ここでは、紙幣の紙送りに焦点を当てて、ATMとトライボロジーとのかかわりを解説します。

まず、ATMで預金の預け入れをしようとしたとき、紙幣を入金用の紙幣取込み口へ入れます。この紙幣取込み口へ入れられた紙幣は、(1)傷を付けずに、(2)正しいピッチ間隔で、(3)一枚一枚曲がらないで、(4)重ね取りせず、(5)取込み不能とならずに、どんな紙幣の順序・組合せでも一枚ずつ搬送口へ送り込む必要があります。その例としてゴムローラと紙幣間の摩擦力を利用して分離を行う摩擦分離方式の紙幣取込み機構を図31に示します。

この機構はゲートローラ式紙幣取込み機構と呼ばれています。この図で送込みローラと取込みローラは外周部に高摩擦力のゴムチップが埋め込まれています。それ以外の表面はアルミニウムを表面硬化処理したもので、摩擦係数は小さくなっています。また、ゲートローラは送込みローラのゴム部よりも高硬度のゴムで形成してあり、摩擦力は中程度となっています。

最初にプレス板と送込みローラとの間に紙幣が入ります。そして、紙幣はプレス板によって送込みローラに押し付けられます。また、取込みローラとゲートローラはプレス板の押し付け圧力とは異なる圧力で押し付けられています。各ローラと紙幣の摩擦係数はローラによって異なるため、それぞれ摩擦力は異なり、それぞれの圧力と摩擦係数をコントロールすることで、紙幣を一枚ずつ搬送ピンチローラへ押し出すのです。

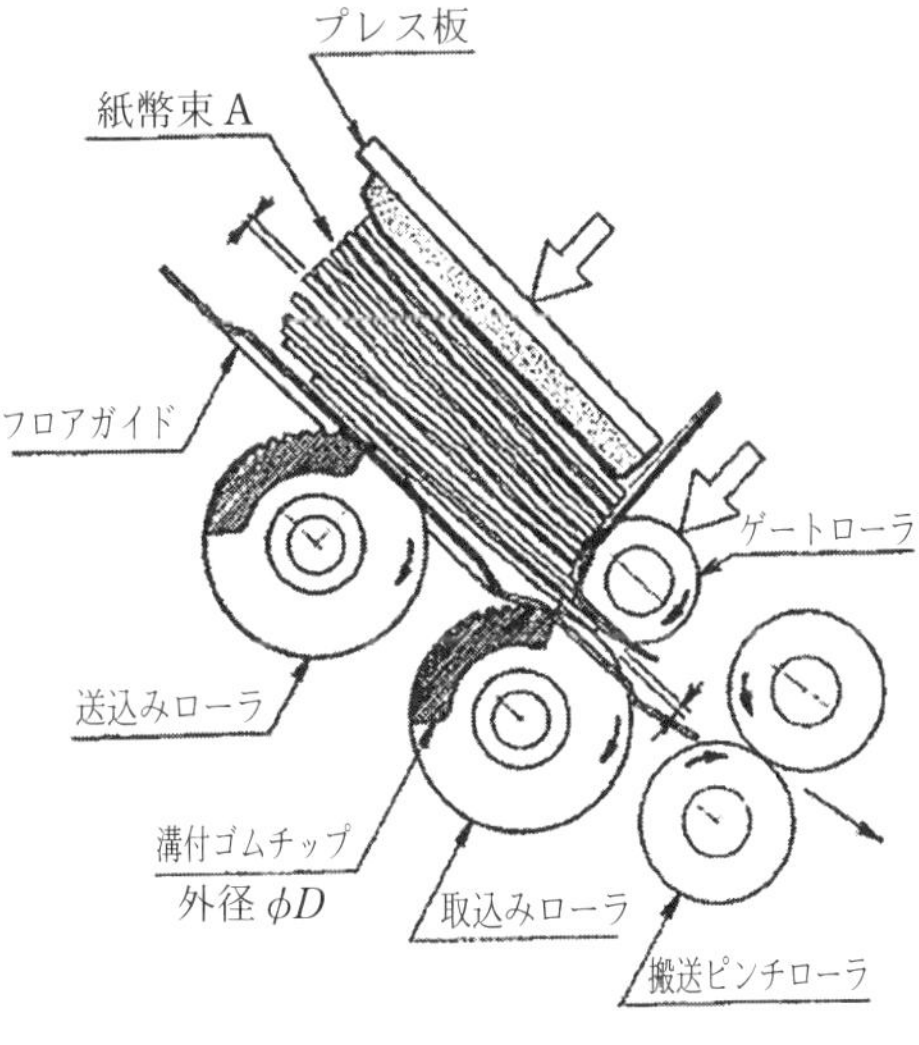

図 31　ゲートローラ式紙幣取込口の構造

それでは、紙幣の摩擦力はどのようなものなのでしょうか？　まず、真新しい新券ではどうでしょう。新券は人の手を経ていないため、印刷されたままの状態と考えることができます。紙幣は一〇〇〇円、五〇〇〇円、一万円と異なる印刷模様であり、厚みやサイズ、すかしなどが異なります。そのため、表面・裏面・すかし部分などで微妙に摩擦力が異なるのです。実際に紙幣の摩擦力を測定すると、表面と裏面で摩擦力が異なったり、すかし部分で摩擦力が変化したりします。

紙幣が人の手に渡り、流通した場合には、紙幣は折りたたまれたり、しわになったり、あるいは、人の手から油分がしみこんだり、汚れたりします。このようにして、紙幣は段々と柔軟性が大きくなって、また、摩耗していくと考えられます。この状態の摩擦係数を確実には予想できませんが、このような紙幣の摩擦係数変化を考慮しながらATMは設計されています。それでは、ローラ側の変化はどうでしょう。

ローラは新しい紙幣や古い紙幣をたくさん搬送すればするほど変化すると考えられます。例えば、ローラには紙幣からの紙埃が付着します。そうすると、摩擦力はこの紙埃によって低下していきます。その対策として、ローラの表面に微細な凹凸を形成して、紙ぼこりが付着しても摩擦力が変化しないような工夫を行ったりしています。また、紙幣に印刷されているインクも微量ではありますが、ローラに蓄積していくと考えられます。このインクも摩擦力を小さくします。

そのほかにも、ATMは一般的に銀行ロビーやキャッシュコーナーに置かれていますが、その場所の環境によっては、温度・湿度・塵埃量が大きく異なります。特に湿度は、紙幣の特性を大きく変えるとともにローラと紙幣との摩擦力にも大きく影響すると考えられます。紙幣が結露や雨に濡れた場合などもある程度考慮する必要があるため、ATMの紙送り機構の設計は非常に難しいといえます。

通帳やコインの搬送についても少し解説しておきます。通帳はページめくりを行い、印字を行います。ページめくりもローラを使って行われるのですが、その例を図32に示します。通帳搬送ローラから搬送された通帳は、通帳めくりローラに接触し、通帳のローラが通帳の一ページを押し上げてページめくりします。

コインの搬送は、コイン搬送ベルト上にランダムに積まれたコインが、コイン分離ローラの下を通ることで、重なったコインを一枚一枚分離していくこととなります。このように、通帳・コインの搬送においてもローラは大活躍しており、ローラの摩耗や摩擦力が非常に大事なものであることがわかっていただけたと思います。ただ、最後にこのようなローラを用いた紙幣やコインの分離だけでは一〇〇％確実に分離できない可能性もあるため、ＡＴＭの中では多数のセンサが組み込まれており、数え間違いのないシステムになっていることを付け加えておきます。

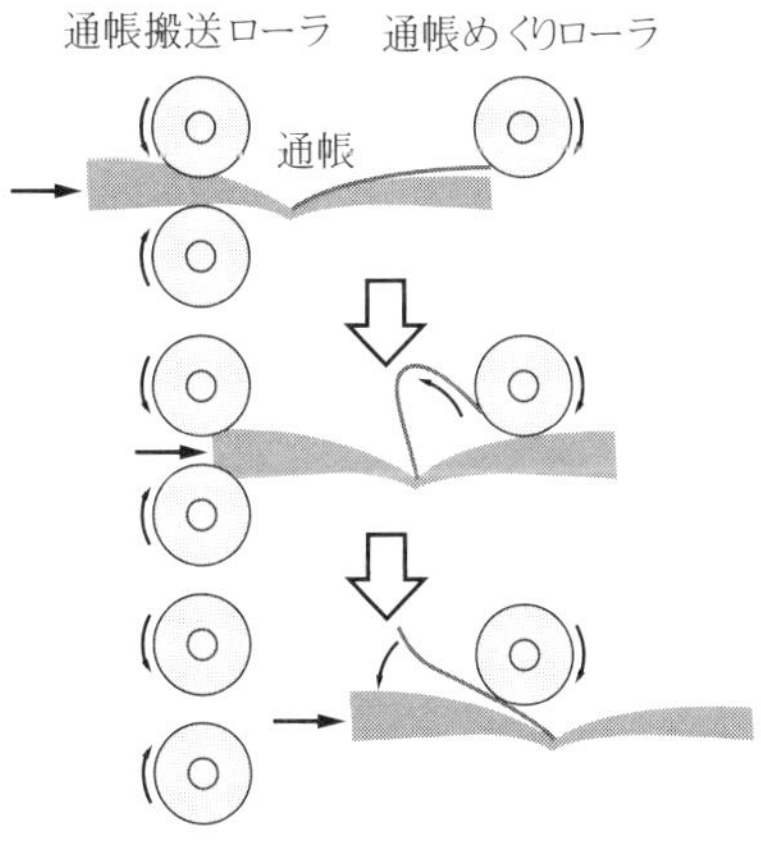

図32　通帳のページめくり機構

4　身近な公共機械の中の過酷な世界

医用X線CTスキャナのダイナミックな世界

スマートなのは見かけだけ？

家電製品とはいえませんが，この章では，街で見かけたりする比較的なじみのある機械装置の中のトライボロジーについてご紹介します。最初に医用X線CTスキャナを取り上げます（図33）。実際に病院でこの装置による診断を受けたことがなくても，ボックス状の測定部中央に，ベッドに横になった人がス

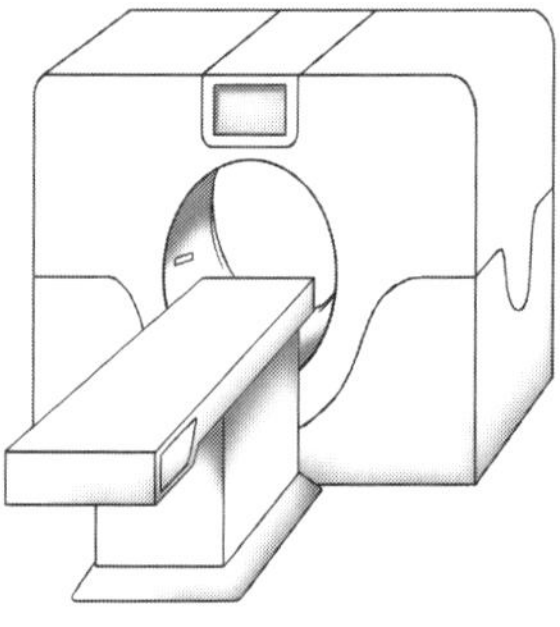

図33　医用X線CTスキャナ

ライドして入る空洞が空いた外観は、写真などでご存知の方が多いと思います。スマートなデザインと明るい色で、見るからに先端の医療機械であることが感じられます。

さてCTスキャナのカバーを外して中を見てみましょう。おもな機械的な部品は、X線を出すX線管と呼ばれる装置と、X線を受光する検出装置、そしてそれらの装置を診断する人のまわりに回転させる装置です。CTスキャナは、人体のまわり三六〇度の方向からX線を当てて、人体を輪切りにしたX線画像が撮れる装置ですが、X線は三六〇度の方向から一斉に出てくるわけではありません。X線管を横になった人のまわりに回転させることで、三六〇度方向からX線を当てるようになっており、そのデータを集めてコンピュータで処理して輪切り画像を作成しています。体の長さ方向に少しずつずらし、一回ごとに輪切りを行っていたのでは、輪切りの枚数が多くなると撮影に時間がかかってしまうので、X線管の回転と同時に人もスライドして送ることで、人体にらせん状にX線を当ててゆくヘリカルスキャンという方式もあります（図34）。

このX線管の重さは数十kgあります。この重量物が体のまわりを速いものでは毎秒三回転ほどの速さで回ります。ハンマー

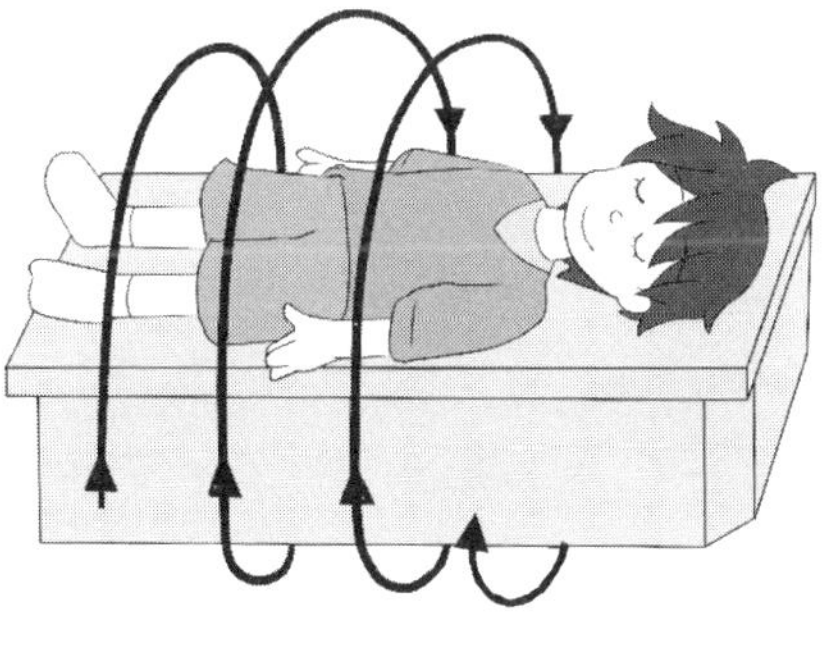

図34　ヘリカルスキャン

投げのハンマーが七kg程度とのことですので、その迫力はハンマー投げがおとなしく見えるほどです。このようなものが頭のまわりを回っているのが直に見えてしまうと、ちょっと頭をつっこむ気にはなれないかもしれません。スマートで明るい色のカバーは、これをカムフラージュして、診断を受ける人を怖がらせないための重要な部品ともいえるでしょう。

太陽系をなすメカニズム

X線CTスキャナで用いられているX線管は回転陽極型と呼ばれるタイプで、大出力のX線を出すのに適しています。X線はモリブデンなどの重金属の円盤（ターゲットと呼ばれる）に電子線を当てることで発生させます。強力な電子線を当てるため、そのままでは融点の高い重金属でもすぐに溶けてしまいます。これを防ぐためにターゲットを高速で回転させ、一か所に連続して電子線が当たらないようにしています。電子を受け取る側のターゲットが回転しているので、回転陽極型と呼ばれるわけです（図35）。

電子線は空気中ではすぐに散乱したり減衰したりしてしまう

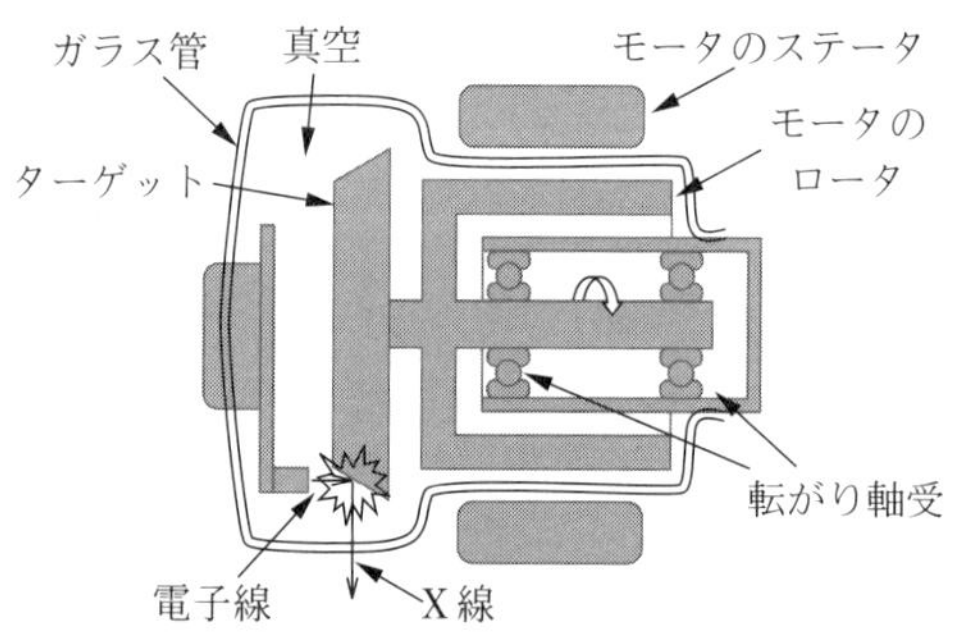

図35　X線管の構造

ので、電子線の発生部はターゲットもろとも真空にされた容器の中に入っています。このターゲットを回転させるために、ターゲットから伸びた軸はモータのロータと一体になっており、軸受がこの軸を支えています。真空容器の外から容器の中に入っているものをモータで駆動するのは大変なので、これらのモータのロータや軸受もターゲットと一体となって、同じ真空容器に入れられています。X線CTスキャナでは、この自身が回転する機械であるX線管が、さらに人体のまわりを回るという、太陽と地球のような関係にあります。

過酷さトップレベル

ターゲットは回転のおかげで溶けることはありませんが、強力な電子線のエネルギーのうち、X線放出に使われるのはほんの一％程度で、残りは熱となってしまうため、ターゲットの温度は一〇〇〇℃以上になります。ターゲットを支える軸受はターゲットから少し離れているので温度は低下しますが、それでも四〇〇℃くらいになります。

X線の出力を上げるためには電子線の強度を上げる必要があり、それに耐えるためにターゲットの回転の速さは毎分数千回転、中には一万回転を超えるものもあります。一般の自動車のエンジンの回転数が毎分六〇〇〇回転くらいになると、回転計のレッドゾーンに入ってしまうことを考えると、相当な速さといえます。

ターゲットは重金属製ですので、それ自体かなり重いものです。さらにX線管そのものが人体のまわりを公転するために、遠心力がかかります。機種によってはこの遠心力による加速度が二〇G近くになることがあります。軸受が支えているターゲットなどの重さを一〇kgとしても、二〇〇kg近い荷重が発生することになります。このターゲットの自重プラス遠心力を軸受は支えなければなりません。このようにX線管の軸受は真空・高温・高回転速度・高荷重という四重苦に耐えなければなりません。過酷中の過酷といえる環境です。

転がるものも摩耗する？

この軸受をいかにして潤滑するかが、X線管の重要な技術課題です。X線管には普通転がり軸受が用いられます。3章のパソコンのところで紹介しましたが、再度簡単に説明しますと、転がり軸受は相対運動するものの間に球やころを挟んで、相対運動を転がり運動で支える構造の軸受です。転がり運動というと、例えばパチンコ玉が床を転がる様子などが思い浮かび、一見潤滑などしなくても大丈夫なのではないかと思わせます。

実際、転がり運動は純粋な「滑り」に比べると圧倒的に摩擦摩耗が少ない運動です。二枚の鉄板を手で押し付けて滑らせてみると、なかなかに力がいり、また板の表面を傷つけ、摩耗させることができますが、板の間にパチンコ玉を何個か挟んで滑らせてみると、摩擦は滑らせたときの一〇〇分の一くらいになり、摩耗も目では見つけることができなくなるでしょう。転がり軸受も、手で回す程度の使い方でしたら、潤滑せずともある程度使うことができます。

しかし、人力を大きく超えた機械の世界ではそういうわけにはいきません。潤滑せずに使うとすぐにぼろぼろになってしまいます。板の上を球が転がっているとき、その接触部では球も板も少しへこみ、小さな接触面積が発生します。球がゴムでできているときなどはその接触面積は目でわかるくらいの大きさになりますが、金属の球ではその面積は小さくて、見てもへこんでいることはほとんどわかりません。

この接触面積の中で本当に転がっていると見なせる部分はほんの一部であり、大部分では球と板は少しですが滑っています。つまり、目で見て転がっている物体も、ミクロに見ると滑っているのです（図36）。鉄板どうしを滑らせると傷つき摩耗するように、このミクロな滑り部分ではやはり傷つき、摩耗が発生します。手で転がす程度ですと、接触面積はごく小さく、その中の滑りの程度も小さくて摩耗も無視できますが、大きな荷重がかかったり、高速で回転したりする機械では、接触面積や滑り速度が何十倍何百倍に大きくなり、あっという

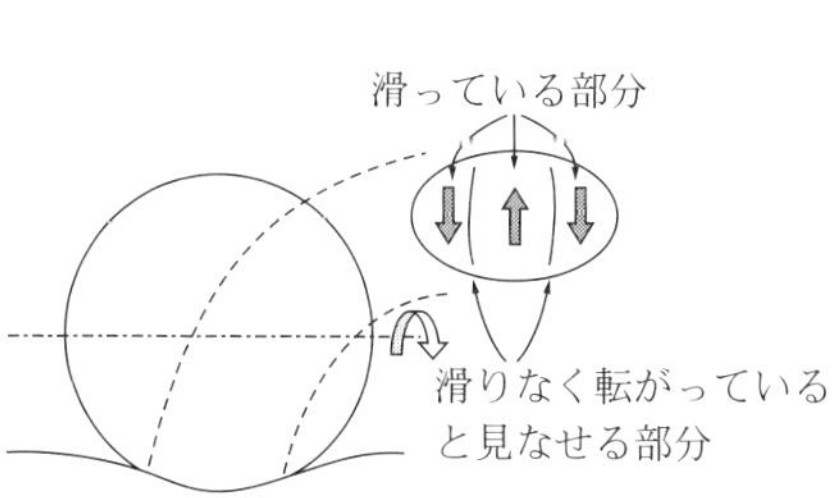

図36　球の接触面における滑り

間に摩耗して使えなくなってしまいます。

　これを防ぐのが潤滑です。一般には転がり軸受はグリースや潤滑油で潤滑され、油膜が接触面積の部分を覆って、転がり軸受の材料である金属どうしが直接接触し、滑り合うのを防ぐようになっています。

金属による潤滑登場

　油に勝る潤滑剤はないといってもよいくらいで、できればX線管の軸受も潤滑油で潤滑したいところですが、真空中では空気という天然の「ふた」がないため、市販の鉱油などの潤滑油は蒸発しやすくなります。そのうえ四〇〇℃という温度は、潤滑油によっては空気中であったなら燃えだす可能性があるほどの高温であり、ますます蒸発が激しくなり、また変質する心配もあって、とても潤滑油を使うことはできません。真空用の高価な合成潤滑油もありますが、この温度ではやはり使うのは不可能です。さらに問題は、X線管用の軸受はターゲットに当てられた電子線による電流を軸を通して外部に逃がす通路にならなければならず、軸受には通電性が求められることがあることです。油膜がしっかりできると潤滑のうえではよいのですが、通電性が劣化します。

　初期のX線管では、このためにやむを得ず無潤滑で転がり軸受を使っていました。転がり軸受に使われている鋼は、普通の鋼よりも倍くらい硬い特殊なものですが、X線管用にはさらに高温に耐える強い鋼が使われています。しかし、この鋼をもってしても無潤滑ではすぐに使えなくなってしまい、初期のX線管の寿命は非常に短いものだったといいます。

高温の真空中でも蒸発したり劣化したりしにくい潤滑剤はなにか。潤滑油が接触部に油膜を作って金属材料どうしの直接接触を防ぐことで潤滑しているなら、油膜の代わりに高温真空中でも使える膜を挟んでやればよいということになります。ただし、膜そのものが滑りによってすぐに傷ついたり摩耗したりするものでは困ります。また、摩擦が大きくて転がりを阻害するような材料も使えません。しかも電気が通るものということでたどり着いたのが、鉛や銀などの「軟らかい」金属です。

現在X線管用の軸受では、鉛や銀の薄い膜（厚さ一μm以下）をあらかじめ転がり軸受の球や軌道輪にコーティングし、潤滑剤とすることが行われています。鉛や銀は金属の中ではよく延びる性質を持ち、摩耗によく耐えます。摩擦も小さく、高温真空中でもすぐに蒸発してしまうことはありません。これによって現在のような長時間使えるX線管が実現しています。

金属による潤滑に強力新人登場

鉛や銀といった軟質金属の薄膜を使うことで、一応の性能は確保できていますが、やはり潤滑油に比べると弱点が目に付きます。潤滑油の優れたところは、たとえ摩擦面からいったん潤滑油が切れても、その流動性により再び摩擦面を覆うことができるところです。鉛や銀はなんといっても固体ですので、摩耗するとそれまでです。したがってあまり長い寿命は期待できません。

さらに、摩耗してなくなる前に、鉛や銀の表面は荒れてくることがあります。すると転がり軸受の振動や騒音が大きくなってしまいます。CTスキャナではX線管は人の頭に近いところを回りますので、音や振動はなるべく抑えなければなりません。したがって、潤滑金属がまだ残っていても、振動騒音の面からX線管は寿命と判定されてしまいます。

このような問題を一気に解決する技術として考えられたのが、液体金属で潤滑する方法です。液体金属を潤滑油代わりに使おうというものです（図37）。液体金属とは水銀に代表される液状の金属のことで、常温付近で液体である金属としては水銀のほか、ガリウムがあります。液体金属ならば蒸発性が小さく、高温真空中で問題なく使えます。しかも、軸受自体を転がり軸受から振動騒音がずっと小さい滑り軸受に変えてしまうことができます。

滑り軸受とは、パソコンのところで紹介したように、その

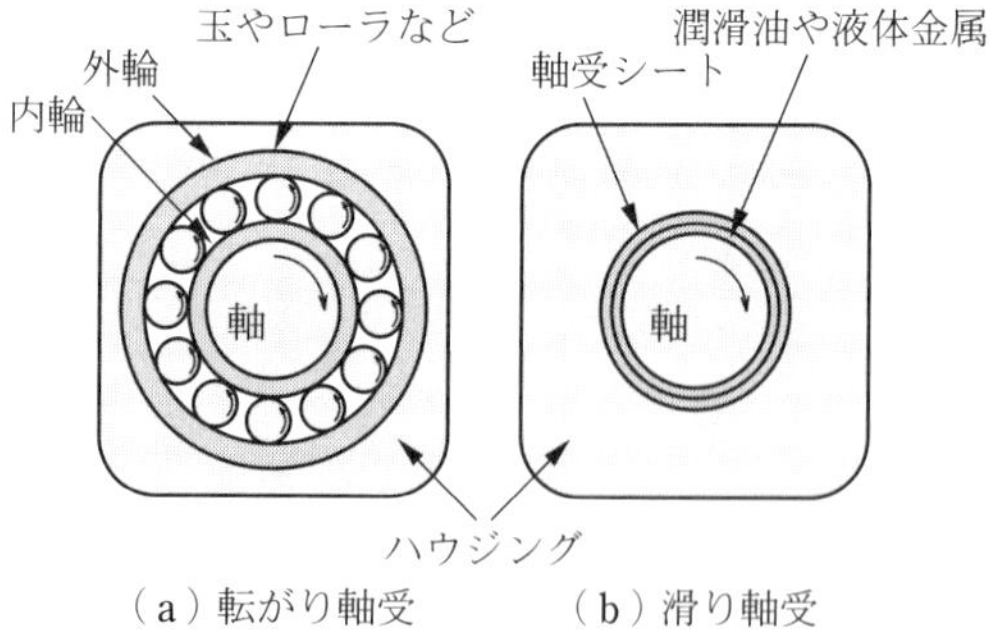

（a）転がり軸受　（b）滑り軸受

図37　転がり軸受と滑り軸受

名の通り、軸と軸受間が滑るもので、転がり軸受が球による転がりで滑りを吸収したのに対し、軸と軸受の間に油膜（この場合液体金属膜）を挟んで油膜がせん断されることで滑りを吸収します。転がり軸受でも普通は油膜が存在して潤滑していると述べましたが、滑り軸受の油膜は転がり軸受の一〇倍以上の厚さ（それでも一〇μm内外ですが）があります。

もともとのアイデアはかなり以前からあったようですが、技術課題が多く、本格的に実用化したのは最近のことです。液体金属としてはガリウムの合金が一般に用いられますが、ガリウムは軸や軸受の材料である鋼を腐食させる性質があります。軸受のところに液体金属を閉じ込めておく方法も難題です。また、油に比べて粘度の低い液体金属でうまく液膜を作るように軸受を設計しなければなりません。これらを解決して市販しても大丈夫なまでに信頼性を高めるのに時間がかかりました。金属潤滑の新人ではありますが、遅れてきた新人といえます。

腐食についてはいろいろな保護膜が試され、閉じ込めについては軸あるいは軸受側にスパイラルの溝を切り、軸が回転したときにポンピング効果で漏れようとする液体金属を押し戻すシールメカニズムなどが開発されています。潤滑液膜のためには、軸に液膜ができやすくなる「ハ」の字型の浅い溝を彫り付けることなどが行われています（図38）。これは3章で紹介した

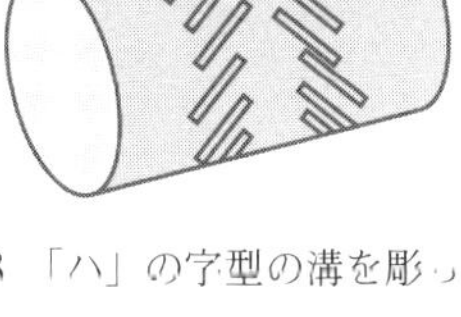
図38　「ハ」の字型の溝を彫った軸

ファンモータの軸受と同じ方法です。

この液体金属を使ったX線管は、転がり軸受型に比べて非常に滑らかに回り、振動騒音も桁違いに小さいため、大容量の高級機種に採用されています。もしX線CTスキャナによる診断を受けることになったならば、よく耳をすましてX線管の回転する音を聞いてみて下さい。非常に静かならば、液体金属で潤滑されたX線管が使われているかもしれません。

ヘリカルスキャンの泣きどころ

前述したように、X線CTスキャナには人体の長さ方向に少しずつ撮影ポイントをずらしながら、一回ずつ輪切り撮影を行っていくタイプと、ヘリカルスキャンといわれる、X線管の回転と人体の送りを同時に連続して行って、人体をらせん状に撮影していくタイプがあります。ヘリカルスキャンのほうが速く大量の撮影ができそうなことは、容易に想像されます。ではなぜ全部ヘリカルスキャンにしないのかという疑問がわきます。

ヘリカルスキャンで大きな問題となるのは、いかに連続回転するX線管などの機器に電気を供給するかということです。一回ずつ輪切り撮影するならば、X線管に長めの電気ケーブルをつないでおけば、X線管を人体の回りに三六〇度回転させたならば、次の撮影のためにまたもとの位置に逆回転させて戻せば、電気ケーブルを切らずに撮影を続けることができます。ところが連続回転するヘリカルスキャンでは、電気ケーブルをつないでおくわけにいきません。

摩擦しながら電気を通す技

そこで必要となるのがスリップリングと呼ばれる装置です。スリップリングとは回転体に電気を供給する装置で、簡単にいうと回転するリングにブラシと呼ばれる板や刷毛状のものを押し付けて、その接触部を通してブラシからリングに（またその逆方向に）電気を通すものです。一見単純な仕組みですが、トライボロジー的にはたくさんの問題を抱えています。

掃除機のところで出てきた、ブラシモータの「ブラシと整流子」とほぼ同じ機能ですが、掃除機のほうは電流の方向を断続して切り替える、かなり強引な役割を負っています。厳しい環境ですが、なんとかして電流を流せばよいという意味では、割り切った設計ができます。スリップリングでは、微弱な電流を変動なく滑らかに流す性能を要求される場合が多いので、ブラシモータのようなパワー系とはまた異なった技術が必要になります。

電気を通しながら摩擦や摩耗を押さえるのは、意外と難しい技術です。潤滑油をはじめとする多くの潤滑剤は電気を通しにくいので使いにくく、前述の鉛や銀（鉛は環境衛生上の理由で使われなくなってきています）は転がり軸受の潤滑剤としてはある程度使えますが、完全な滑り状態ではあまり保ちません。導電性を持たせた特殊なグリースもありますが、通電特性が今ひとつよくなかったり、グリース交換のメンテナンスが大変だったりという欠点があります。X線CTスキャナのスリップリングは大人の身長ほどの直径を持つ大きなもので、グリースの交換作業も大変です。また交換時のみとはいえ、べとべとしたグリースを診察室で取り扱うことは、できれば避けたいところです。

X線CTスキャナのスリップリングには、X線管で電子線を発生させるためのパワー系の電気と、X線撮影した画像信号を受け渡しする信号系の電気が通る必要があります。特に信号系の電気はノイズを嫌うため、スリップリングのリングとブラシの間の接触電気抵抗はなるべく一定でなければなりません。

摩擦面では材料の酸化や硫化が激しく起こったり、特に電気を通すと空気中の汚染物質が集まって堆積物ができたりします。これらはいずれも通電を阻害するものです。また、摩耗によって摩擦面が荒れると、接触電気抵抗が変動し、電気信号にノイズが入る原因となります。摩耗粉が隣のチャンネルに入ってショートすることもありえます。ヘリカルスキャン型CTスキャナには、これらを解決したスリップリングが必要となります。

これらを完全に解決とはいきませんが、掃除機のブラシモータのところでも出てきた、代表的固体潤滑剤のグラファイトを用いて、なんとか実用化されています。

グラファイトはトライボロジーにおいて非常に重要な材料なので、繰り返しになりますが、少しその素性を説明します。グラファイトはダイヤモンドとともにカーボン（炭素）の結晶体で，両者はその結晶構造が異なります。ダイヤモンドは硬くて摩耗にも強いですが，電気を通しません。一方グラファイトは柔らかく，しかし摩擦摩耗が小さい（掃除機やハードディスクのところでも紹介しましたが，特殊な層状結晶構造によるものといわれています）ので，潤滑材料としてしばしば用いられます。しかも電気を比較的よく通すため，スリップリングなどの電気を通す機器にも適しています。

掃除機のモータのブラシと同様，このグラファイト化したカーボンを主体としたブラシ材などを使うことによって，CTスキャナ用スリップリングは一応実用化されています。しかし，接触電気抵抗の変動を抑えるため，ブラシのグラファイトの含有量やグラファイト以外の成分が掃除機用とは異なっています。より安定で小さい接触抵抗を求めて，グラファイト以外の成分には貴金属が多く使われたりします。また，リング側も銀メッキを施したりして，掃除機の「整流子―ブラシ」よりかなり高価なものになっています。

このように，かなりコストがかかった装置となっていますが，摩耗や電気抵抗の面から，まだ理想のスリップリングができているとはいえません。グラファイトには部屋の湿度が下がってくると摩耗が増えるという，困った性質もあります。ヘリカルスキャンの泣きどころのひとつといえそうです。

自動改札機の目にもとまらぬ世界

ジェットコースターも真っ青の複雑コース

大きな駅の改札口にずらりと並ぶ自動改札機は、一種壮観です。この自動改札機も非常に過酷な摩擦摩耗の世界を中に抱えています。

最近はＩＣカードを触れてピッと音をさせるだけで自動改札機を通ることも多いですが、普通の切符は自動改札機に投入しなければなりません。普通の切符でも触れるだけで通れるようになるのは、まだ先のことでしょう。この切符、裏返して入れても横に向けて入れても、取出し口では表を向いて取りやすい形で頭を出して待ってくれています。特急券と乗車券のように二枚切符を持っている場合でも、同時に投入するとさっと引き込んで、出口できちんと二枚重なって待っています。

では切符は自動改札機の投入口と取出し口の間をどのように走っているのでしょうか。なかなか自動改札機の中を見る機会はありませんが、たまたまメンテナンスでサービスの人がカバーを外しているところに出くわした方もいるかもしれません。また、切符が詰まったときに駅員さんが応急処置のためにカバーを外すこともあります。そんなときがチャンスです。

カバーを外された自動改札機で目に入ってくるのはゴムローラとベルトの作る迷路のような構造です。その迷路を切符が走るところは、並のジェットコースターよりもずっと迫力があります。まさに目にもとまらぬ速さで駆け抜けるという感じです。

急ブレーキ急加速

投入口から入れられた切符は一直線に取出し口に行くとは限りません。止まったり逆走したりしながら、人が切符を投入して自動改札機を通り抜ける一秒ほどの間に、自動改札機の長さよりずっと長い距離を、複雑な動きをしながら移動します。

投入された切符が取出し口から頭を出すタイミングは、早すぎても遅すぎてもいけません。早すぎると前に通った人が間違えて持って行く可能性があり、遅すぎると通る人を待たせてしまいます。自動改札機は入ってきた切符の上に記録された磁気信号を読み取り、どのように処置するかを判断し、新たに必要な磁気信号を書き込み、取出し口に送り出します（あるいは回収します）が、なるべく早くその作業を終えて、ちょうどよいタイミングを見計らって送り出す必要があります。

例えばその際、前の切符が残っていると、前の人が取ってくれるまで待機していなければなりません。このとき高速で走ってきた切符は待機線に導かれて急ブレーキでいったん止まり、前の切符が取られたら急加速で取出し口に向かいます。もし使えない切符が入ってきたら、素早くゲートを閉め、警告しながら取出し口に出してしまうか、逆走させて投入口に戻すかしなければなりません。

裏向きや横向きに投入された切符は、通る人が取出し口で取りやすいようにというだけでなく、切符に記録された磁気信号を自動改札機自身がきちんと読み取るためにも、裏返されたり、縦向きに向きを直されたりされます。例えば切符を裏返すのに、いったん待避線に導き、逆走させて元のルートに戻す、スイッチバック法を考えます（図39）。この方式の場合、裏返す必要があると判断されて待避線に入った切符は、急ブレーキをかけられて止まり、急加速で逆走してゆきます。複数枚の切符が重ねて投入されたときは、一枚一枚に分離し、処置をして、また重ねて取り出し口に送り出します。回収すべき切符であったなら、取出し口へのルートを逸れて回収ルートに入ります。

このように自動改札機は読み取った切符の信号や姿勢情報をもとに、次にどのような処置をするかを瞬時に判断し、その処置をするためのルートに切符を送り出します。いろいろな処置をするためのルートが枝分かれするように入り組んで配置されており、そのため一見迷路のような道筋となっています。その搬送路を急ブレーキ、急加速を繰り返して走り抜けるのですが、目で見ても連続的に走っているよう

図39　スイッチバック法

にしか見えません。

ゴムの活躍

自動改札機内での切符の搬送には，プリンタなどの紙送り機構と同じく，主としてゴムローラとゴムベルトが使われています。ゴムローラやゴムベルトは上下二組使われ，切符をその間に挟んで運びます。挟んだ切符が落ちないのも，切符を動かすのも，切符とゴムローラとゴムベルトの間の摩擦によるものです。3章で紹介した紙送り機構と共通するところも多いのですが，送り速度が速く，急ブレーキや急加速が頻繁に行われるので，それに伴う技術課題がたくさんあります。

高速で走る切符に急ブレーキをかけたり急加速させるには，大きな摩擦力が必要です。ゴムは一般に摩擦が大きい材料で，ゴムローラを使うと鋼製ローラを使ったときの三倍以上の摩擦を切符との間に発生させることができます。このため，ゴム製のローラとベルトが使用されます。しかし想像されるように鋼よりもずっと摩耗に弱く，急ブレーキ急加速を繰り返す自動改札機では，その耐久性を確保するのが最大の技術課題のひとつです。また，摩擦が大きい材料は相手とくっつきやすいことが多く，ゴムローラが切符を巻き付けてしまったりすることもあります。そんなときに駅員さんの手をわずらわせることになるわけです。

ゴムの耐摩耗性を上げ，また巻き付きを防止するために，ゴム以外の材料をゴムに加えて強化したり、粘着性を下げたりする方法があります。しかし、加える材料によっては摩擦が下がってしまったり切符を傷つけてしまったりということもあり、なかなか性能が両立する材料を作るのは大変です。ゴムローラは自動改札機ばかりでなく、多くの搬送機器において用いられており、高摩擦でもくっつきにくく、摩耗が少ない材料の実現をめざして今も研究開発が盛んです。

重ねてもＯＫの秘密は摩擦にあり

二枚以上の切符を投入口で重ねて投入しても、きちんと処理されて取出し口に出てくる。その仕組みはどうなっているのでしょうか。ある機種の仕組みを例としてご紹介します。

複数枚投入が可能な機種では、投入口で引き込まれた切符や特急券は、まず分離部と呼ばれる、重ねて入ってきた切符を一枚一枚に分離する部分を通り、次に整列部と呼ばれる、切符の姿勢を矯正する部分で縦一列に並べられます。そして一枚ずつ処理され、最後にまた重ねられて取出し口に送られます。

分離部で重なった切符を一枚一枚に分離する方法は、少しややこしいので図を使って説明します（図40）。分離部のおもな部品は図のようなおたがいに押しつけられた二つのローラです。このローラのうちの一つ、例えば下のローラは切符を中に送る方向（図で左回り）に回転します。このとき上のローラは摩擦によって下のローラに引きずられて下のローラとは逆方向（右回り）に回転しますが，じつは上のローラには下のローラと同じ方向（左回り）に回転しようとする力がかけられています。しかし下のローラーの回転力が上のローラの回転力より強く作られているので，上のローラは嫌々ながら下のローラに引きずられて逆向きに回転していることになります。

いま，切符が一枚だけ入ってきたとします。切符とゴムローラの摩擦は大きいので，切符がゴムローラ間に挟まっても，上のローラには切符を挟んで大きな摩擦が伝わり，やはり下のローラと逆方向に回転させられて切符は下のローラの回転方向に送られていきます。

今度は二枚切符が重なって入ってきたとします。切符と切符の間の摩擦は切符とゴムローラの間の摩擦の数分の一の大きさです。このため，上のローラは下のローラの摩擦から解放され，元々かけられている力によって下のローラと同じ方向に回転し，上のローラと切符の間の摩擦力と，切符と切符の間の摩擦力の差の分の力で，上の切符を下の切符の上を滑らせて逆方向に押し戻します。上の切符が押し戻されて下の切符一枚になると，上のローラはまた急速に逆方向に回転させ

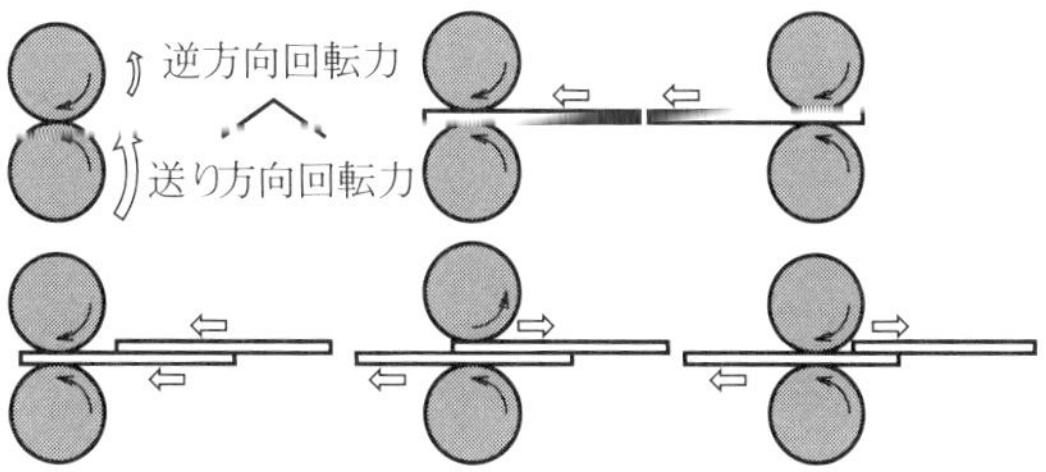

図 40　複数券分離法

られて、切符はそのまま入ってきた方向に送られます。いったん戻された切符は再びベルトによってローラ間に送り込まれ、今度はそのまま送られてゆきます。このように、ゴムローラ・切符と切符・切符の間の摩擦の違いを利用して切符を分離しています。三枚以上切符が重なって入れられたときも同じ動きで上の切符を押し戻します。

詰まらないのには秘密がある

一枚一枚に分離された切符は、次に整列部に入ります。ところで、切符がすべて同じ大きさならば、自動改札機にとっては少し楽になるのですが、近距離切符、遠距離切符、特急券、はたまた定期券と、実際にはいろいろな大きさの切符が投入されてきます。投入口はこれらのうち、一番幅の広い切符を通せるように作ってありますので、小さい切符は通路の端に寄せられたり、斜めを向いたりして入ってくる可能性があります。これをまっすぐ縦方向になおして所定の位置にそろえて送り出す装置が整列部です。

整列部の基本的な構造は単純です。図41のように、小さい切符がきたと判断したならば、切符が流れてゆく通路を狭めるガイドをせり出し、ガイドに沿って切符を流すことで切符の姿勢を縦方向にそろえていきます。ガイドの傾斜が急だと切符が詰まりやすくなるため、ガイドの部分はなるべく長く取って、ゆるい傾斜が取れるようにするのが望ましいのですが、そうすると自動改札機自体の長さも長くなってしまいます。

整列機能は複数券同時投入機能のある機種でなくても必要な機能ですが、複数券処理のために分離部のスペースが加わると、自動改札機の全長が長くなってしまいます。そのため、初期の自動改札機で複数枚の切符を重ねて投入できたのは、新幹線用など一部の機種のみで、一般の駅の自動改札機にこの機能がつくのは後のことです。一部の特別な機種だけならば、自動改札機の全長の制限も厳しくなかったので、整列部のスペースも余裕を持って取ることができたのですが、一般の駅用の自動改札機は全長に制限があり、整列部に長いスペースを割くわけにはいかないからです。

そこで、複数券処理機能を持つ一般用自動改札機の開発にあたっては、短い距離でも切符が詰まらずに姿勢を変えて流れていくガイドの形状が工夫されました。まず、真横に近いなど、姿勢が縦方向から大きくそれて流れてきた切符は、偏心して回転するローラなどを用いて跳ね上げられ、流れる角度を一定以下にします。こうして傾きがある程度小さくなった切符をガイドが導きます。

さてこのガイドの形状ですが、普通の直線状の傾斜では傾きの小さくなっ

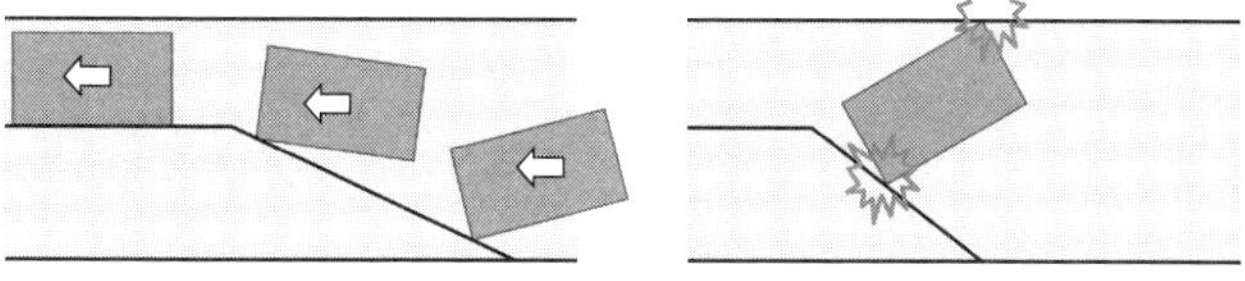

図 41　整列部位におけるガイド

た切符でも詰まるものが出ます。そこでいろいろな曲線が試されましたが、ここでは製作が簡単な円弧状のガイドを使う場合についてご紹介します。

ある半径の円の四分の一の円弧を使うことにしましょう。この円弧状ガイドと通路の壁からなる通路では、ある角度より急な傾きで入ってくる切符は、詰まる可能性があることが理論的にわかります。逆にいえば、それより浅い角度で入ってくる切符は詰まらずに流れることが保証されるわけです。ガイドや壁と切符の間の摩擦係数がわかっているならば、この角度は計算で出すことができます。この角度より急な角度で入ってきた切符は、跳ね上げ機構で跳ね上げて角度を浅くし、それからガイドに沿わせるようにすればほぼすべての切符は詰まることなく姿勢を変えて流れてゆきます。したがって、この計算に基づいて円弧の下何分の一かを切りとって跳ね上げ機構とし、それから上の円弧部分をガイドとすればよいことになります（図42）。

「ほぼ」すべての切符がＯＫと書いたのは、例えば折れたり濡れたりして形状や摩擦が変わった切符には、対応しきれないことがあるか

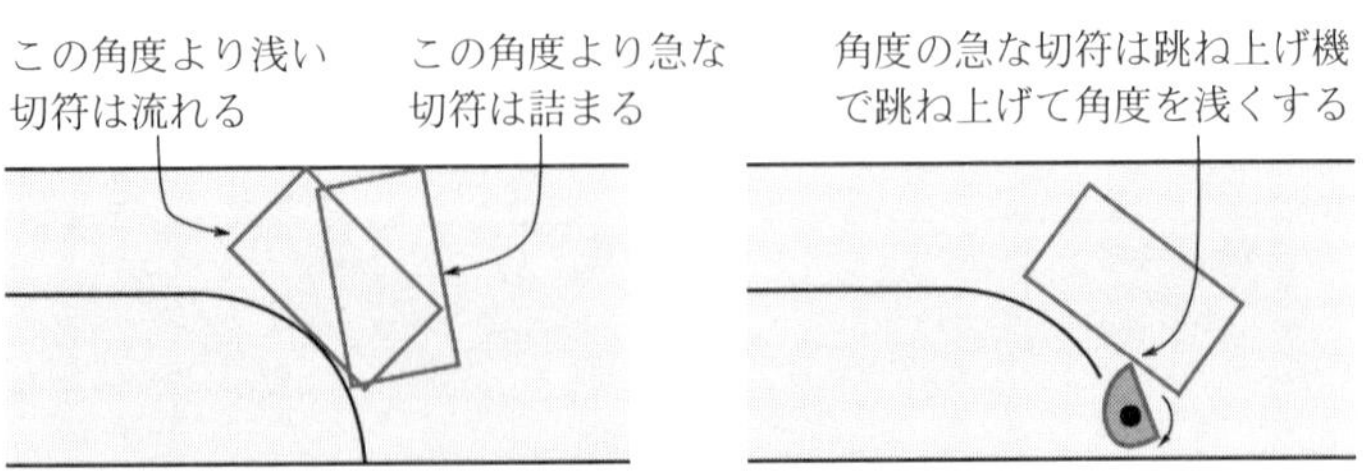
この角度より浅い切符は流れる
この角度より急な切符は詰まる
角度の急な切符は跳ね上げ機で跳ね上げて角度を浅くする

図 42　円弧状のガイドの仕組み

らです。少々反ったくらいの切符なら大丈夫ですが、やはり限度がありますので、切符はあまり乱暴に扱わないようにお願いします。ともあれ、このような円弧状ガイドを用いることで、ガイド部の長さをぐんと短くすることができ、一般の駅の自動改札機でも切符の複数枚投入が可能になりました。

動かない変電所の中の隠れた摩擦

動いているのは電子だけ？

では改札を通って電車に乗りましょう。電車の窓から見える家並みや田畑がたまに途切れ、無粋なといっては失礼ですが、灰色が主体の電気系の施設っぽいものが目に入ってきます。これは電車に電力を供給するための変電所と呼ばれる設備です（図43）。

発電所から送られてくる電気は、そのままでは電車で使うには電圧が高すぎるため、この変電所で電圧を下げて電車に供給します。また、発電所からの電気は交流ですが、路線によっては直流で電車が走るようになっているため、変電所で直流に変換します。このように変電所では電気、つまりは電子が電線などの中を走り回っていますが、外から見る限り、ものが動いてこすれたり、軸受が使ってあったりするところは見当たりません。変電所には電子以外に動いて、これまで見てきたような、われわれにおなじみの摩擦摩耗が問題になるようなところはないのでしょうか。じつは外からは見えませんが、変電所にとどまらず、変電所を含めた電力システム全体の安全を担う大事な装置があり、それにトライボロジーが大きく関わっています。

それは電力遮断器と呼ばれる装置です。落雷などによって、電車の架線に想定外の大きな電流が流れてしまうと、電車が故障してしまいます。電車が故障して止まるくらいでは済まず、もっと危険な事態が起こることも考えられます。そこで異常事態を感知すると瞬時に送電を止め、危険を防止し、設備を保護するようになっています。そのためのスイッチが電力遮断器です。もちろん電車用の変電所だけでなく、一般家庭や工場などに電力を供給するための変電所にも備わっています。

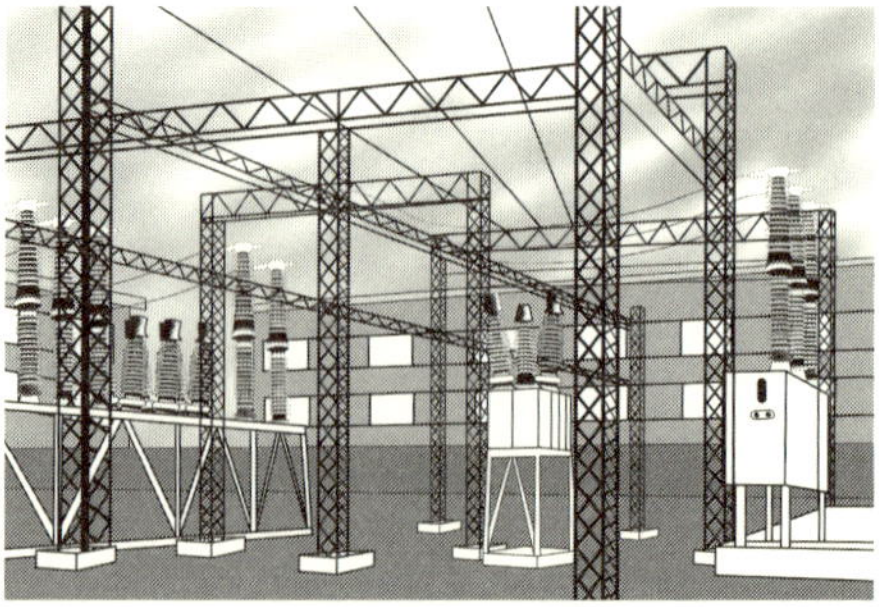

図43　変　電　所

家庭でも家電製品をたくさん一斉に使うと、ヒューズが溶けて、あるいはブレーカーがバチンと落ちて電気が止まり、家中真っ暗になってしまった経験があると思います。これも家電製品を一斉に使うことで許容以上の電流が家庭内の電線を流れ、危険な状態になるのを防ぐために、大元のスイッチが自動的に切れていることはご存じでしょう。このブレーカーの大きいものが電力遮断器です。

またまた急加速急ブレーキ

家庭用のブレーカーの大きいものが電力遮断器といえるのですが，それは機能的に同じような働きをするという意味であり，構造は大きく異なります。それは電力遮断器が，大型のものでは家庭用の電気の何千倍もの電圧，電流を切らなければならないためです。

暗い中，家電製品のスイッチを入れると，バチッと青白く小さな放電が起こるのを見たことがある方もいるのではないでしょうか。電圧のかかった電極を近づけていくと，ある距離まで近づいたときに空気の絶縁が破れ，電極が接触する前に空気を通して電気が電極間に流れます。家庭用の○○V電圧であれば，それはほとんど接触しているといっていいほどの距離で起こりますので，すぐに本当の接触が起こって電気は接触部を通って流れますから人事に至りません。

しかし，その数千倍の電圧がかかっている場合，かなりの距離があっても放電が始まって電極間にアークが発生します。これは電極を近づけていくときだけでなく，切り離していくときも同様です。つまり，スイッチをオフにしようとして電極を接触状態から切り放しても，片方の電極を遠くまで持っていかなければ放電により電流は流れ続けてしまい，スイッチとしての役割を果たしません。このとき、役割を果たさないだけでなく、放電が続いてしまうとアークが発する熱などによってスイッチ自体が損傷してしまいます。

したがって変電所などで使用される電力遮断器は、電流を切るときには電極を数十cm以上引き離さなければなりません。しかも、およそ三〇分の一秒以内という、短い時間で電流を切ることが要求されます。これは、異常が起こったらなるべく早く電流を止めたいからだけでなく、引き離す速度が遅いとアークが消えにくいからです。これを電極の移動速度に換算すると毎秒一〇mくらいになります。時速にすると三六kmですので、そんなに速いという感じではないかもしれません。しかし加速で考えると、時速一〇〇kmに〇・一秒で到達するのに相当します。ざっと三〇Gの加速度です。このように電力遮断器の電極は急加速で発進し、数十cm動いたら急ブレーキで止まらなければなりません。遮断電圧が上がれば上がるほど、この遮断速度も速くする必要があります。

そしてまた摩擦しながら電気を通す技

電力遮断器は電気スイッチですので、X線CTスキャナのスリップリングと同じような技術的問題があるだけでなく、電力遮断器独特の問題も抱えています。それは前述の高速滑りと、不定期な動作です。

図44はある電力遮断器の電極接点部分ですが、丸棒状の電極を軸方向からもう一方の電極がわし

づかみしている格好です。電気を切るときは、わしづかみしている電極を丸棒電極から高速で引さ抜きます。大型の遮断器では、電極の入っている容器内は空気より絶縁性の高い六フッ化硫黄といわれるガスが詰め込まれている、ガス遮断器を呼ばれるタイプが一般的です。このガスによって放電の継続をなるべく抑えます。

さて、問題の一つの高速滑りですが、秒速一〇mは時速にすると三六kmと、一見たいしたことがないように思えると書きましたが、車輪のように転がってこの速度を出す場合はその通りですが、滑り運動に対してこの速度は、十分な潤滑油がある条件でなければ非常に厳しいものです。しかし電力遮断器では潤滑油やグリースはなるべく使いたくないのです。

電極にならば、スリップリングのときと同じく、電流を通しにくくなるので潤滑油やグリースを使いたくないのはわかりますが、滑る部分は電極だけでなく、電極を動かすための機構部分にもたくさんあります。ここは通電性と関係ないので潤滑油やグリースを使えると思えますが、この部分にもそれらの使用は避けられます。その理由は、もう一つの問題、不定期な動作にあります。

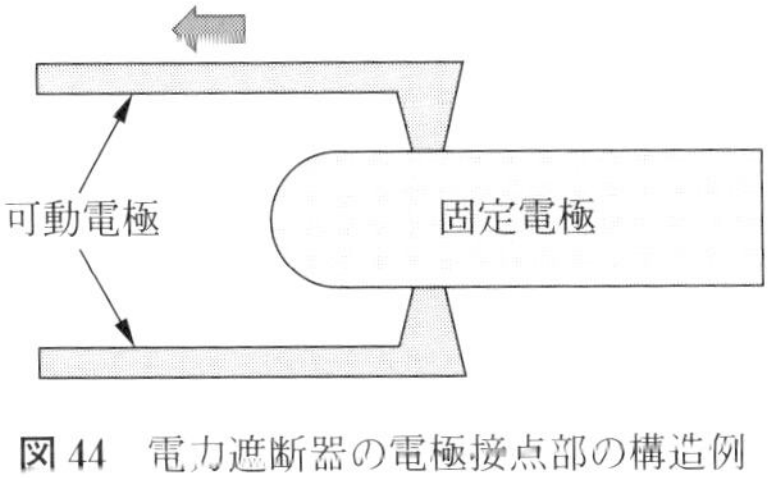

図44　電力遮断器の電極接点部の構造例

動かないに越したことはない？

電力遮断器は落雷などのときに、安全装置として働くものです。したがって、動く機会がないほうがよいのは当然です。実際何か月も、あるいは何年も動かないのがむしろ望ましいといえます。しかし必要なときには、きちんと動かなければ大事故を引き起こしてしまいます。このような、長い間停止していて、あるとき急に動かなければならないという用途に、潤滑油やグリースは弱いのです。

潤滑油やグリースは流動性があることが最大の強みですが、重い荷重を支えている接触面が長い間停止していると、その流動性によって接触面から流れ出てしまいます。その結果、接触面の金属などの材料が直接接触してしまい、傷がついたり、最悪の場合、いざというときに固着して動かなくなる可能性もあります。

そのため、動く電極を支える滑り面や動かす機構に使われる滑り軸受には、グリースなしでも大丈夫なように、固体の中で比較的摩擦摩耗の小さい材料が選ばれて使われます。そのような材料としてグラファイトをすでに紹介しましたが、グラファイトは電気を通しますので、摩耗して摩耗粉が遮断器内部に漂うと放電を助長する危険性があり、あまり使われません。プラスチック材料の中で摩擦摩耗特性のよいものが使われることが多いようです。

しかし，ここで問題は高速滑りに戻ります。大容量小型化の開発競争によって，電力遮断器の遮断速度はどんどん速くなっているのですが，摩擦用プラスチック材料のカタログを見ると，ほとんどの材料がそれらの電力遮断器の滑り速度では使えないことになります。そのような高速で用いると摩擦熱のために材料が溶けたり分解したりするため，プラスチックメーカーはそのような条件での使用を保証しないのです。

しかし，遮断器を製造する電機メーカーは，プラスチックメーカーのカタログを見て開発をあきらめるわけにはいきません。ところで考えてみると，電力遮断器の摩擦部分は高速で滑りますが，それは三〇分の一秒程度という瞬間的な動きです。そのような短い距離の滑りならば，カタログに書かれている速度制限を超えても，温度上昇が材料を溶かしたりするまでにはならないのではないかと予想されます。実際滑らせたときの温度上昇を計算してみると，保ちそうな材料がありそうです。そこで摩擦による温度上昇を抑えるように工夫した摩擦摩耗実験で評価を行うなど，プラスチックメーカーが聞いたら目を白黒させそうなことに挑戦しながら，さらなる高速化に耐える材料を求める研究開発が続けられています。

さて，では電極はどうなのか。もちろんプラスチックというわけにはいきません。電極には放電の熱に耐える高融点金属が用いられます。そして，じつはグリースが塗られることがあります。電極では不定期動作が逆に幸いして，スリップリングと異なって通電時には基本的に静止しているため、潤滑上は問題となるグリースの接触面からの押し出されによって通電性が確保されます。したがって、動作時の滑り出しの一瞬だけグリースのない状態に耐えればよいということになります。そこでX線管の潤滑に用いられた銀が用いられます。

銀は軟らかく、延びやすいので、金属の中では摩擦摩耗特性がよいことをX線管のところで紹介しましたが、純粋な滑り材料として使うには、やはり性能が不足することが多いのです。しかし、電力遮断器の電極のように、常時滑っているわけではないところでは使用可能です。銀は電気をよく通す材料ですので、その面でも問題ありません。電力遮断器の電極では、銀メッキを施すことなどで、この滑り出しの「一瞬」をなんとかクリアしています。

エレベータ・エスカレータの秘密

超　安　全

駅で電車を降りて、エレベータかエスカレータに乗ってホームから改札ロビーに向かいましょう。鉄道や自動車と同じく、エレベータ・エスカレータも大量の人を安全に確実に移動させるための機械です。しかも、鉄道や自動車と同じくらい、いやそれ以上に厳しい摩擦摩耗の世界と闘う技術が必要とされる機械です。

エレベータやエスカレータには人を運ぶ機械として二重，三重の安全策が施されており，乗りながらジャンプしたりしない限り（少々ジャンプする不心得者がいても，ほかの人の安全が脅かされることのないようにはできていますが），まったく安心して乗れる乗り物です。しかし，人身に関わる事故のニュースが一時期続いたこともあり，人々の信頼が揺らいだこともありました。整備不良など，おもに人の不注意が原因の事故が多かったのですが，公共の輸送機械である限り，それも含めて安全が確保されていなければなりません。事故を教訓として，安全性の向上にますます力が入れられています。

さて，このエレベータやエスカレータは，摩擦の力で動いています。魔物である摩擦を使って完全に安全な乗り物を作るためには，経験の積み重ねと検証実験の繰返しによって，不確実な部分をなくしていかなければなりません。ではエレベータとエスカレータの摩擦の世界を見てみましょう。

事故を防ぐエレベータの仕組み

ここでは皆さんが会社や学校，あるいはマンションに住んでいる人は自宅でもほぼ毎日利用しているエレベータについてお話しします。エレベータを利用するときに，ほとんどの方が見たことがあると思いますが，人が乗る部屋（かご）の内側のボタンが並んでいるパネルの上のほうには，必ず最大搭乗人数と最大積載量が表示されています。実際には積載オーバーでブザーが鳴っても運転できてしまったりしますが、あの値はなにで決まっているのでしょうか？　まずエレベータの構造について簡単に説明します。

エレベータの多くは図45のような構造をしています。一般的にはかごをつっているロープが滑車にかかっていて、滑車を通ったロープの反対側には、かご自体と、平均的と考えられる荷物（最大積載量の五〇％）を足した質量に釣り合うように重りがついています。このようにすることで、かごを昇降させるモータの負荷を減らすことができます。逆にいうと、積載量はこの重りの質量で決まっているということです。

ではロープは切れることはないのでしょうか？　じつは、かごは三本以上のロープでつるされていて、全体で安全率が一〇となっています。この安全率というのは通常の使用の何倍の条件まで耐えられるように設計されているかを表していて、ここの場合は書かれている定員（最大積載量）の一〇倍の質量が乗っても平気なように設計されているということです。したがって、通常の使用ではまず切れることはありません。

また、ロープ自体も針金の撚り線ですので、いきなりブッッと切れることもありません。ただし、ここでも重要になるのは摩擦で、滑車とロープの間や、ロープ内部で素線どうしがすれることにより滑車もロープも徐々に削れていき、撚り線の一本一本がプツプツと切れていくことになりま

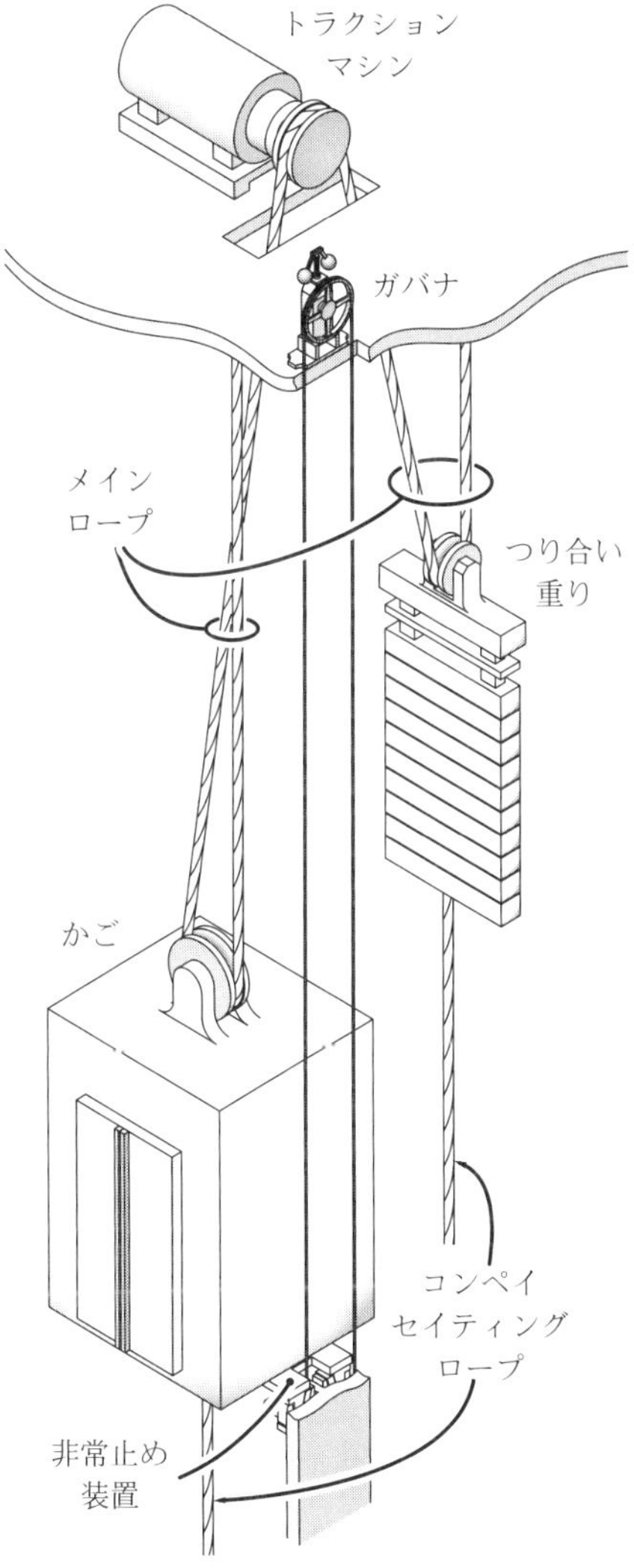

図 45　エレベータの構造

す。これらの摩擦を緩和するため、ロープには潤滑用の油がしみこませてあります。また、エレベータの点検は法律で定められていて、ロープの状況を定期的にチェックするので問題ないわけです。

このように、かごが落下することはまず考えられないわけですが、なにかの拍子に速度が高くなりすぎたとき、場合によっては非常停止する必要が考えられます。なにしろ現在では、時速四五km

以上の速度で運転する高速エレベータも存在します。速度が高くなったときには、ガバナという装置で検出して非常止め装置を作動させます。図46は代表的なガバナのひとつで「ボールタイプ」と呼ばれるものです。図のように速度が高くなると、遠心力によりボールが上がっていき、ある一定の速度以上になると、ロックが外れて非常止め装置につながるロープが把持されます。

さてそれでは、高速エレベータを急停止させるためのブレーキ装置とはいかなるものでしょうか。実際には単純なものです。図47は、一般的な非常止め装置の例です。ガバナがリフティングロープを把持すると、ロープにつながったくさびが引き上げられ、ガイドレールをシューで挟み込む形でブレーキがかかります。つまり自転車の（内装でない）一般のブレーキと同様の方式であり、レールとシューの間の摩擦係数が重要となるわけです。ということで、あとはシューの材質をどうしようかということになるわけですが、これがじつは結構大変な問題です。

というのは、自転車のブレーキなどと違い、エレベータの非常止め装置の動作環境では摩擦によって温度が一〇〇〇℃を超える状況になる場合があり、このような高温でも安定して制動力を発揮する材質が求められます。また当然ながら摩耗しにくく摩擦係数が高いことが前提となります。このため、高速エレベータ用としては、通常鋳鉄やセラミックスなどが用いられます。

ここまできたら、さっさとエレベータに組み込んで、実際のテストを行えばよいわけです。問題は試験方法で、基本的にはオーバースピードの状態でブレーキをかけて制動テストを行うことは皆さんのご想像通りだと思います。昔のアメリカ合衆国では、ビルが完成して竣工検査を行う際には、ドロップテストを行っていました。これはその名の通りかごを最上階から落下させ、ガバナ、非常止め装置の動作をチェックするというもので、失敗すると大損害、成功しても復旧にたいへん

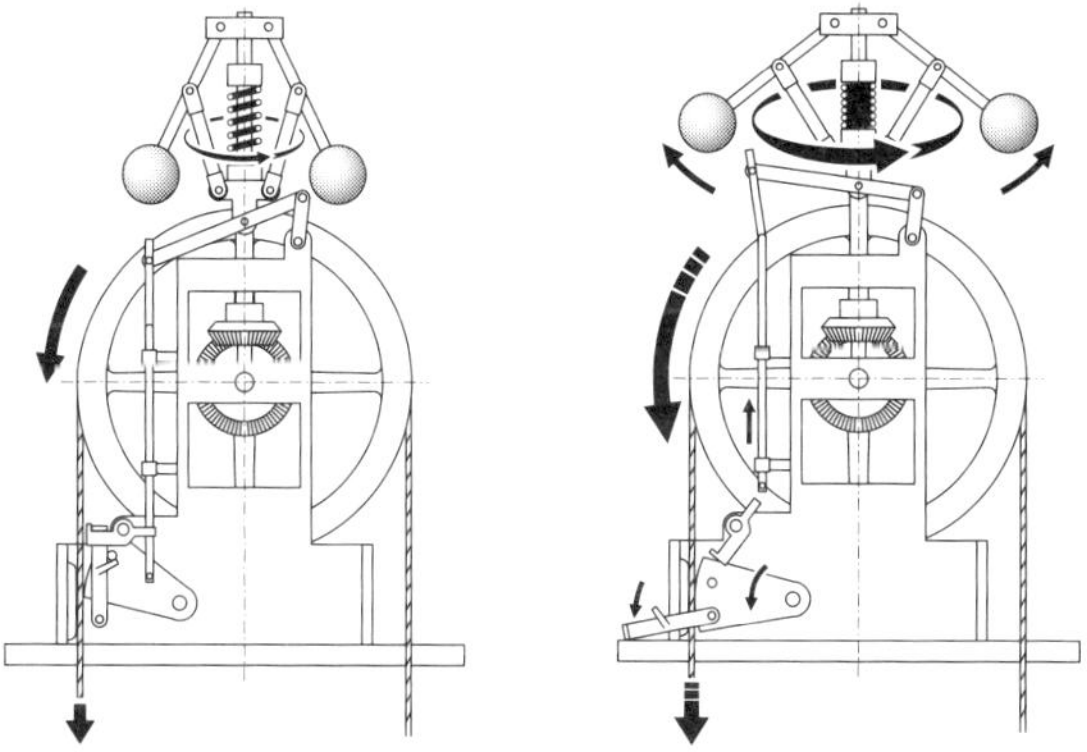

（a）通常運転時　（b）オーバースピード時

図 46　ボールタイプガバナ

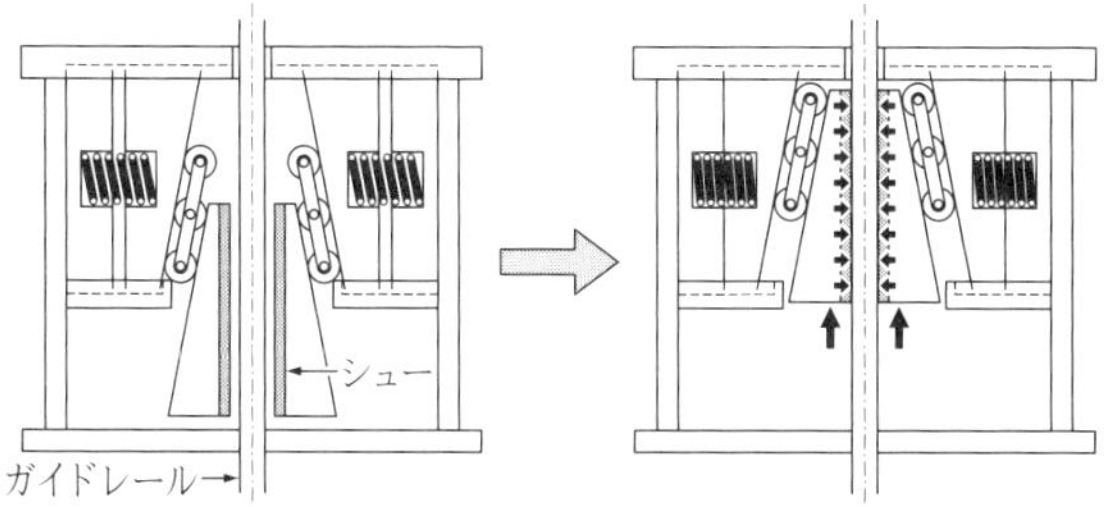

図 47　非常止め装置

手間とお金のかかる方法でした。さすがに現在ではこの方法は行われていませんが、それでもオーバースピード状態にしての非常停止試験は行われます(図48)。

いくらドロップテストとは違うといっても、高速エレベータの場合には火花をまきちらしながらのすさまじいテストになります。ちなみに、台湾に台北101という地上五〇〇m以上の高層ビルがありますが、この内部に設置されているエレベータの場合、昇降距離が三八〇メートル程度で運転速度は時速六〇kmにも達します。

ところで、エレベータには、メインロープの重さの不つり合いを補償するために、メインロープとは別にコンペンセイティングロープというものがついています(図45)。この規模のエレベータになると、メインロープの重さがすさまじく、それを補償するためのコンペンセイティングロープも大変な重さになります。このため、例えば積載量が二tほどであっても非常止め装置が制動しなければならない重さは二二tf(トンフォース)程度

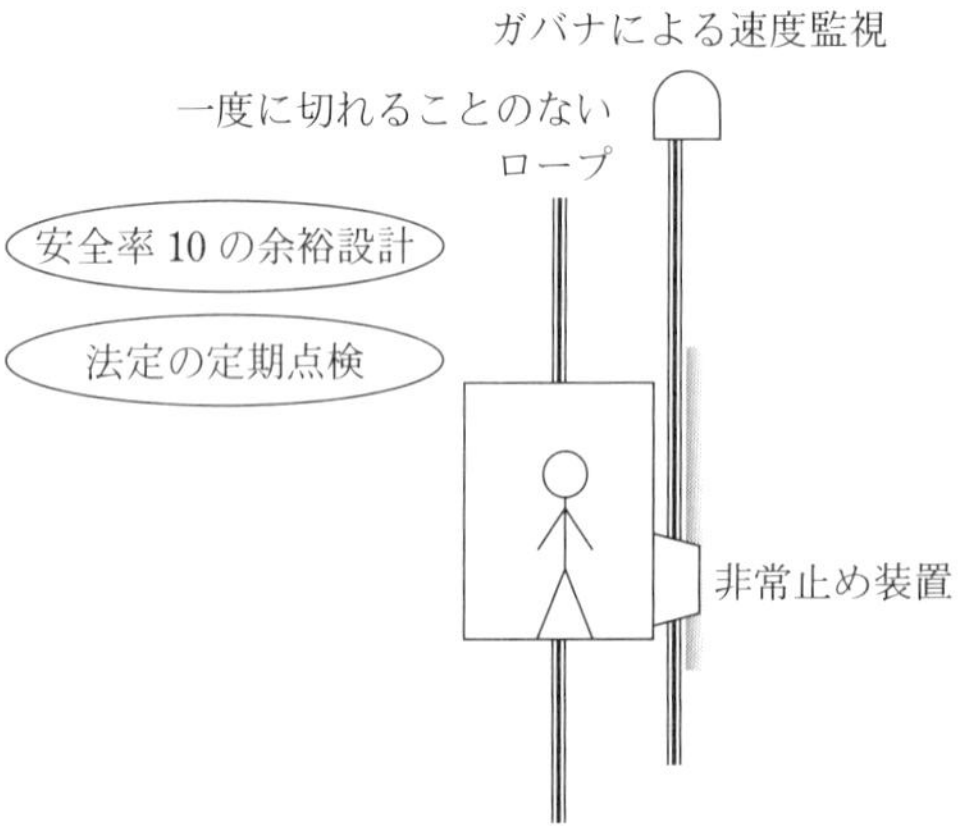

図48 エレベーターの安全装置

になります。この重さのものをわずか一ｍほどの距離で制動するわけですから、非常に大きな制動エネルギーですし、運転時の速度が速い分、減速度もかなり高いことになります。

最近のエレベータの非常止め装置は、平均の減速度を一G以下に設計するようですが、それでも瞬間的には三G程度にはなるでしょう。さらに古いものになると四G以上になることが考えられ、もし乗っていたらけがをすることは十分考えられます。くれぐれも足を組んだり壁にもたれかかったり、不安定な姿勢で乗らないようにしないといけません。

エスカレータの苦悩

エスカレータは二つの動く部分からなっています。人が立つステップと、手すりベルトです。この二つはもちろん同じ速さで動かなければなりません。しかし、この当然の動きを実現するのが意外と難しいのです。

ステップは金属製であり、一段一段が別の部品ですので、駆動するメカニズムも設計しやすく、モータからチェーンとスプロケット（チェーンを噛んで動かす歯車）、あるいは歯車を通して直接動かすことができます。しかし手すりベルトは樹脂や布でできた一枚の長い輪ですので、歯車などで駆動することができません。ゴムローラで上下から挟み込み、ローラとベルトの間の摩擦で押し出して（あるいは引っ張って）います（図49）。先ほど紹介した自動改札機の切符の送り機構が大きくなった感じです。このベルトを押し出すスピードがステップを動かすスピードと同じになるように作られています。

ゴムローラは手すりベルトとその滑り面の間の摩擦に打ち勝つ力でベルトを送り出す必要があります。エスカレータに乗って手すりベルトを持ったとき、少し持ち上げてみて下さい。簡単にベルトと滑り面との間にすき間を作ることができます。つまり、手すりベルトは割合すき間を持って巻かれていることがわかります。人が手すりベルトを持ったとき、ベルトに体重を載せて押し付けるような持ち方はあまりしませんので、すき間を持って巻かれた手すりベルトと滑り面の間の摩擦は、そんなに大きくないように思えますが…。

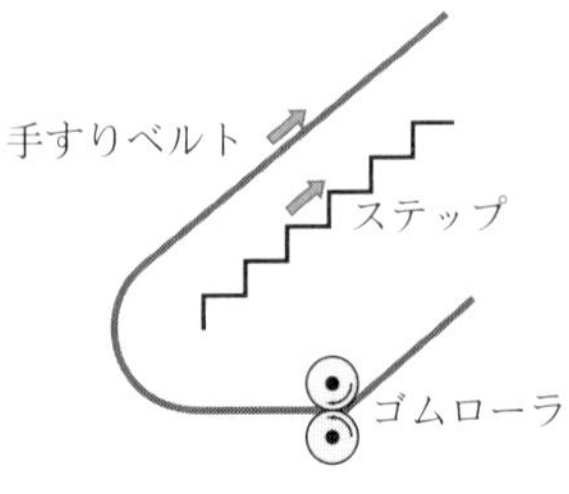

図49　エスカレータの構造

ところで中央部が黒く汚れている手すりベルトを見かけたことはないでしょうか。また、古いエスカレーターに乗っていると、手すりに置いた手の位置がだんだん動いてしまった、というような経験をした方もいらっしゃるはずです。これはゴムローラが手すりベルトの摩擦に耐えきれず、悲鳴を上げているのです。手すりベルトの摩擦は、まっすぐな部分ではたいしたことはなく、手で持ち上げられるくらいの「ゆるさ」があります。問題はエスカレータの上下の端の部分で、手すりベルトが丸く曲がって折り返しているところにあります。

時代劇でおなじみの、忍者が縄を松の枝に投げかけ、縄が枝をくるりと一巻きしただけで、縄をたぐって壁をよじ登るシーン。縄と枝の摩擦が忍者の体重を支えていることになりますが，縄と枝の間の摩擦係数はそんなに大きいのでしょうか。あるいは西部劇でカウボーイが馬を下りて，手綱をくるりと横杭に一回巻き付けただけで馬が逃げられなくなるのも同じです。

これらはベルト状のものが，円筒状のものに巻き付いたときに発生する大きな摩擦によるものです。摩擦係数は大きくなくても，巻き付くことによって全体の摩擦が大きくなります。これはベルトを引っ張ったときの張力が，ベルト自身を円筒に強く押し付けるために生じるものです。ベルトを強く引っ張れば，それだけ強く円筒に巻き付くことになり，それだけ摩擦が大きくなります。

この力によって，エスカレータの手すりベルトには，端の丸く曲がっているところで大きな摩擦が生じます。この力は巻き付く角度が大きくなるほど，角度の大きくなり方以上に大きくなります。エスカレータのデザイン上，端の部分は小さくて急カーブで曲がっているほうがスマートに見えます。特に最近のエスカレータはそのような急カーブを持ったものが多いのですが，そうするとベルトの巻き付き角度が大きくなり，摩擦が大変大きくなってしまいます。

この摩擦にゴムローラが耐えきれず，摩耗してゴムが手すりベルト表面にくっついてしまったのが，ベルト中央の黒い汚れです。また，摩擦力が足りずにゴムローラと手すりベルトの間が滑ってしまい，ベルトが本来の速度で送られなくなると，ベルトに置いた手の位置が動いてしまうことになります。

ベルトと滑り面の摩擦係数を下げることで、この「巻き付き摩擦」も下げることができます。一方、ゴムローラと手すりベルトの摩擦はできる限り大きくしたいところです。このため、ベルトやゴムの材料、ゴムローラの大きさやベルトを締め付ける力など、エスカレータメーカー各社は工夫を重ねています。しかし、黒い汚れがまったくない、美しい手すりベルトのついたエスカレータは、いまでも見つけるのが難しいくらい、この問題は現在でも大きな技術課題となっています。美しい手すりベルトを持つエスカレータは、デザインや整備だけではなく、地道な技術のたまものなのです。

おわりに

家電製品や街で見かける身近な機械の中のトライボロジーについて紹介しましたが、どのような感想を持たれたでしょうか。ここで紹介した技術は、ほとんど皆さんの目に触れることのないところに使われています。知識がなければ、製品を買って寿命がくるまで使っても、まったく気付くことなく過ごしてしまうことが多いでしょう。寿命がきたときに初めて、軸受やシールの存在に気が付くことになります。機械の寿命は、摩擦や摩耗が原因でくることが多いのです。

使っている人に気付かれることなく、機械を長い間滑らかに動かす。これがトライボロジーの

「本望」といえます。好んで裏方に回るようで，この表現を嫌うトライボロジー関係者も多いのですが，「縁の下の力持ち」技術であることが，トライボロジーの一面であることは否定できません。

このように外から見えにくいトライボロジーですが，いまある機械を動かす基盤であるだけでなく，製品の進化にも深く関わっていることは，ご理解いただけたでしょう。例えば，いまやカーナビなどで当然のように車に積まれているハードディスクですが，本文中で説明したように，磁気信号を読み書きする磁気ヘッドが，磁気信号を記録する磁気ディスクの上を浮上して走っています。できた当初は少しの振動や衝撃で，磁気ヘッドと磁気ディスクの衝突による故障が発生し，ハードディスクに振動や衝撃は大敵でした。その当時，振動衝撃だらけの車に積めるようになると，何人の技術者が予想したでしょうか。

しかし，記録性能を上げるため，ヘッドの浮上量を極限まで低下させるトライボロジー技術のおかげで，浮上自体も大幅に安定するようになり，少々の衝撃には耐えられる製品ができるようになったのです。振動衝撃だけでなく，夏の車内の高温にも耐える潤滑剤など，トライボロジーの進歩なくして車載ハードディスクなしといえます。

本書によって，見えない部分に注ぎ込まれた技術者・研究者の心血について，少しでも理解してもらえれば，技術者・研究者として幸いです。また，より多くのほかの分野の専門家にこれらの技術に注目してもらうことで，トライボロジーのレベルアップにつながることも期待しています。なにより、本書を読んだ若い方々に、トライボロジーに限らず、技術というものに対する興味をいだいていただけたならば、本書を書いた甲斐があったというものです。

トライボロジーを含む技術の世界は、家電の外にも大きく広がっています。ぜひいろいろとのぞいてみて下さい。きっと気になって、どうしてももっと勉強してみたいと思えるものが見つかるに違いありません。

参考文献

粟津光昭：〝設計実例　電気洗濯機、電気食器洗い機〟、機械設計、二六巻四号、一九八二年
日本トライボロジー学会編：『トライボロジーハンドブック』、養賢堂、二〇〇一年
渡辺康博：『よくわかるシール技術の基礎』、技術評論社、二〇〇九年
豊島久則、小田原博志：〝「もっと便利に」掃除機における使い勝手の追求〟、日立評論、九二巻一〇号、二〇一〇年
田原和雄、田倉敏靖：〝ユニバーサルモータの高性能化の動向〟、電気学会研究会資料、RM九八－三二、一九九八年
経済産業省、資源エネルギー庁：〝平成二〇年度　新エネルギー等導入促進基礎調査　機械器具等の省エネルギー対策の検討に係る調査報告書〟、財団法人　社会経済生産性本部、二〇〇九年
田原和雄：〝整流子及びブラシの高性能化の動向〟、電気学会研究会資料、RM九八－一七一、一九九八年
国分欣治：〝集電すべり接触〟、潤滑、一一巻三号、一九六六年
一木利信：『電機用ブラシの理論と実際』、コロナ社、一九七八年
武政隆一：〝カーボンブラシの摩擦特性〟、潤滑、一〇巻四号、一九六五年
山口光彦：〝カーボンブラシと摩擦・摩耗〟、潤滑、二六巻五号、一九八一年
平田哲夫ほか：『基礎からの冷凍空調』、森北出版、二〇〇七年
松隅正樹：『空気圧縮機』、省エネルギーセンター、二〇〇五年
飯塚薫、石山明彦：〝環境対応家電用冷媒圧縮機のトライボロジー技術動向〟、トライボロジスト、四八巻七

号、二〇〇三年
中尾英人、松川公映：〝家電品に使用される圧縮機のトライボロジー〟、トライボロジスト、五一巻八号、二〇〇八年
トライボロジスト、四一巻六号、四六巻二号、六号、四八巻一号、四九巻八号、五〇巻六号、七号、五一巻八号等
越石健司、黒沢理：『要点解説タッチパネル』、工業調査会、二〇〇九年
村田貴士：『耐指紋・擦傷性の付与と防汚技術および定量評価法』、技術情報協会、二〇一〇年
日立フリクションマテリアルカタログ、CAT．NO．G四〇二A、日立電線
村上励至：〝MFPの紙送り技術〟東芝レビュー、六三巻一号、二〇〇八年
渡辺嘉宏：〝ATM（自動取引装置）〟潤滑、三〇巻八号、一九八五年
土肥元達：〝X線管と回転陽極軸受〟、トライボロジスト、三九巻一一号、一九九四年
服部仁志：〝液体金属を用いたX線管用高速回転機構〟、トライボロジスト、五四巻三号、二〇〇九年
深津邦夫、平岡尚文：〝自動改札機の設計における摩擦係数〟、トライボロジスト、四七巻四号、二〇〇二年
平岡尚文、石亀新一、堀　直樹：〝券類整列機構用スティックフリー搬送路の一設計法〟、日本機械学会論文集（C編）、六六巻六四四号、二〇〇〇年
宮内明朗：『崩壊した神話　エレベーター』、丸善プラネット、二〇〇七年
長田朗、小林英彦：〝高層ビルエレベータのトライボロジー〟、トライボロジスト、五〇巻十一号、二〇〇五年
豊田健夫、西住茂紀、宇野修悦：〝超大電流の通過とトライボロジー：電力用遮断器〟、トライボロジスト、四一巻七号、一九九六年

摩擦との闘い
—家電の中の厳しき世界—

2011年8月12日　初版第1刷発行

検印省略

編　　者	社団法人 日本トライボロジー学会
発 行 者	株式会社　コ ロ ナ 社
	代 表 者　牛 来 真 也
印 刷 所	萩 原 印 刷 株 式 会 社

112-0011　東京都文京区千石4-46-10
発行所　株式会社　コ　ロ　ナ　社
CORONA PUBLISHING CO., LTD.
Tokyo　Japan
振替　00140-8-14844・電話（03）3941-3131（代）
ホームページ　http://www.coronasha.co.jp

ISBN 978-4-339-07707-0　（吉原）　（製本：愛千製本所）
Printed in Japan

新コロナシリーズ

発刊のことば

西欧の歴史の中では、科学の伝統と技術のそれとははっきり分かれていました。それが現在では科学技術とよんで少しの不自然さもなく受け入れられています。つまり科学と技術が互いにうまく連携しあって今日の社会・経済的繁栄を築いているといえましょう。テレビや新聞でも科学や新しい技術の紹介をとり上げる機会が増え、人々の関心も大いに高まっています。

反面、私たちの豊かな生活を目的とした技術の進歩が、そのあまりの速さと激しさゆえに、時としていささかの社会的ひずみを生んでいることも事実です。

これらの問題を解決し、真に豊かな生活を送るための素地は、複合技術の時代に対応した国民全般の幅広い自然科学的知識のレベル向上にあります。

以上の点をふまえ、本シリーズは、自然科学に興味をもたれる高校生なども含めた一般の人々を対象に自然科学および科学技術の分野で関心の高い問題をとりあげ、それをわかりやすく解説する目的で企画致しました。また、本シリーズは、これによって興味を起こさせると同時に、専門分野へのアプローチにもなるものです。

●投稿のお願い

「発刊のことば」の趣旨をご理解いただいた上で、皆様からの投稿を歓迎します。

パソコンが家庭にまで入り込む時代を考えれば、研究者や技術者、学生はむろんのこと、産業界の人も家庭の主婦も科学・技術に無関心ではいられません。

このシリーズ発刊の意義もそこにあり、したがって、テーマは広く自然科学に関するものとし、高校生レベルで十分理解できる内容とします。また、映像化時代に合わせて、イラストや写真を豊富に挿入し、できるだけ広い視野からテーマを掘り起こし、科学はむずかしい、という観念を読者から取り除き興味を引き出せればと思います。

●体　裁

判型・頁数：B六判　一五〇頁程度

字詰：縦書き　一頁　四四字×十六行

なお、詳細について、また投稿を希望される場合は前もって左記にご連絡下さるようお願い致します。

●お問い合せ

コロナ社　「新コロナシリーズ」担当

電話　(〇三)三九四一－三一三一